赢在互联网+

赢在大众创业万众创新新时代

激活你的创新思维
ACTIVATE YOUR INNOVATIVE THINKING　　谢继炯

（第二版）

深度剖析创新规律　　轻松掌握创新密码

中国劳动社会保障出版社

图书在版编目(CIP)数据

激活你的创新思维/谢继炯主编. —2版. —北京:中国劳动社会保障出版社,2015.10

ISBN 978-7-5167-2202-2

Ⅰ.①激… Ⅱ.①谢… Ⅲ.①创造性思维 Ⅳ.①B804.4

中国版本图书馆 CIP 数据核字(2015)第 240018 号

中国劳动社会保障出版社出版发行

(北京市惠新东街 1 号 邮政编码:100029)

*

保定市中画美凯印刷有限公司印刷装订　　新华书店经销

787 毫米×1092 毫米　16 开本　13.5 印张　163 千字
2015 年 10 月第 2 版　2015 年 10 月第 1 次印刷
定价:40.00 元

读者服务部电话:(010)64929211/64921644/84643933
发行部电话:(010)64961894
出版社网址:http://www.class.com.cn

版权专有　　侵权必究

如有印装差错,请与本社联系调换:(010)80497374
我社将与版权执法机关配合,大力打击盗印、销售和使用盗版图书活动,敬请广大读者协助举报,经查实将给予举报者奖励。
举报电话:(010)64954652

该书献给我深爱的这块土地和乐于创新的朋友

再版自序

"大众创业，万众创新"已成为我们这个时代的最强音。

为满足广大读者的要求，在"互联网+"的创新时代，尽微薄之力，再版2006年出版的《激活你的创新思维》一书。书的内容和形式都做了必要的修改和完善，特别是图文并茂，增加了本书的视觉效果和趣味性。

创新重在开"悟"，"悟"即"道"，"道"即规律。学习创新案例，掌握创新规律，方能激活创新思维。很多事情迷茫、困惑、不解，就是因为隔着一层窗户纸，只需有人帮着怎么把它捅破，捅破得快，受益得快。赛跑不仅靠实力，更赢在开"悟"上。本书从案例启发，到理论释解，旨在让您轻松掌握创新密码。

创新并不神秘，就是加法、减法、变戏法。"互联网+"就是加法，但不是机械相加，而是创造性相加。加在妙处，使之带来更多物质和精神的回报。互联网+零售、互联网+旅游、互联网+金融、互联网+医疗、互联网+美丽乡村……"互联网+"催生了新的商业业态和新的商业模式，使传统产业的优势得到更充分的发挥。空气质量AQI指数控制就是要做减法，但不是机械相减，而是通过不断改进设备、工艺和管理，实现减的目标。小米模式、e袋洗、嘀嘀打车、拉手网……

又是一个个变戏法，使人眼花缭乱，让人感觉这个时代的观念在颠覆、思维在颠覆。但理性来看，本质没有变，规律不会变。那就是以满足人性化需要，创新、创新、再创新……

愿该书助您成功！

谢继炯

2015 年 9 月

目　　录

第一章　开篇的话 …………………………………………………… 1

第二章　激活创新思维 ……………………………………………… 5
　　物质刺激 ………………………………………………………… 6
　　精神激励 ………………………………………………………… 6
　　环境催生 ………………………………………………………… 7
　　案例启迪 ………………………………………………………… 7

第三章　创新就在身边 ……………………………………………… 17
　　在家中萌生的创新 ……………………………………………… 18
　　在大自然中萌生的创新 ………………………………………… 19
　　在游玩中萌生的创新 …………………………………………… 20
　　在工作中萌生的创新 …………………………………………… 21

第四章　人人皆可创新 ……………………………………………… 25
　　小孩子可以创新 ………………………………………………… 26
　　下岗工人可以创新 ……………………………………………… 28

青年农民可以创新 …………………………………… 30

　　穷困的人可以创新 …………………………………… 31

　　学历低的人可以创新 ………………………………… 32

第五章　创新来源与表现形态 ………………………………… 35

第六章　创新思维特点 ………………………………………… 39

　　什么是思维 …………………………………………… 40

　　什么是创新 …………………………………………… 40

　　什么是创新思维 ……………………………………… 44

　　创新思维是务实思维 ………………………………… 44

　　创新思维是竞争思维 ………………………………… 57

　　创新思维是开放思维 ………………………………… 66

　　创新思维是万通思维 ………………………………… 77

　　创新思维既是目的导向型又是结果导出型思维 …… 85

第七章　创新思维形式 ………………………………………… 91

　　超前思维 ……………………………………………… 92

　　逆向思维 ……………………………………………… 102

　　替代思维 ……………………………………………… 112

　　辩证思维 ……………………………………………… 117

　　发散思维 ……………………………………………… 127

　　整合思维 ……………………………………………… 141

　　类比思维 ……………………………………………… 166

　　非逻辑思维 …………………………………………… 174

第八章 创新思维过程 ……………………………………… 181
  挖掘创新之需 ………………………………………… 182
  激发创新之欲 ………………………………………… 183
  形成创新之念 ………………………………………… 183
  付之创新之举 ………………………………………… 184

第九章 创新主题修炼 ……………………………………… 187
  自信 …………………………………………………… 189
  博采 …………………………………………………… 191
  激情 …………………………………………………… 193
  敏感 …………………………………………………… 199
  想象力 ………………………………………………… 202

第一章
开篇的话

现在一切美好的事物,无一不是创新的结果。
——穆勒

整个人类的发展史就是一部创新史。一切文明成果，都是人类从无到有创造出来的。从"衣、食、住、行"的演变，就可以看到创新的力量。

"衣"的创新。人类经历了从早期自然取材（兽皮、树叶）到使用天然纤维（麻、棉、丝、毛）、化学纤维（尼龙、涤纶）。功能上从基本的御寒、遮羞到美观装饰。

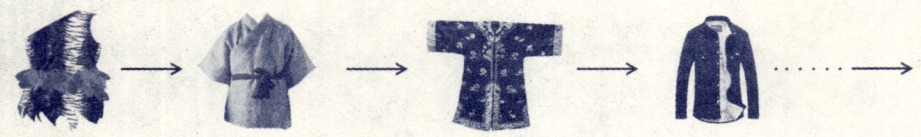

"食"的创新。人类经历了从摘野果子吃到用工具打猎吃生肉，再到学会用火将食物做熟吃，又到今天餐桌上的丰富佳肴。人类饮食的目的也从基本的生存必需到餐饮文化。

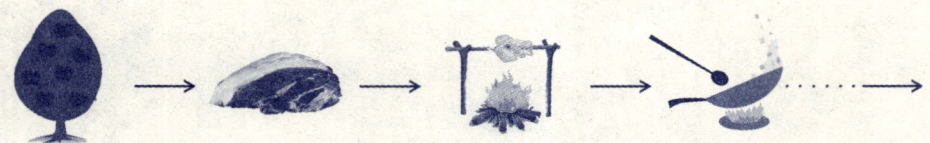

"住"的创新。人类经历了从早期住山洞、草屋，再到木屋、砖屋，最后是现代用钢筋水泥和各种新型材料建筑建造的各式各样的楼房。

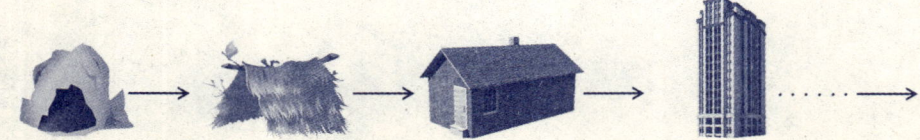

"行"的创新。人类经历了从步行、马车、牛车,到自行车、汽车、火车、飞机、轮船,还有飞船等。

生活中有关"用"的创新,内容众多。以电脑为例,越变越小,越变越简单。从笨重的台式电脑到笔记本电脑,再到平板电脑;从复杂的 DOS 系统到简单的 Windows 系统;从复杂的五笔字型输入法到现在有各种各样的简单输入法,就连许多老年人都学会打字,用电脑。

所以,人类每一次进步,每一次跨越,都是创新的结果。没有创新思维,创新成果也就无从谈起。没有创新,人类社会就会停滞不前。在此,特别向千千万万个勇于尝试第一次的人致以最崇高的敬意。

当前,我们正处于颠覆性的创新时代,创新不仅是国家战略的需要,也是推动实际工作的需要,更是实现美好生活的需要。

党的十八大提出"创新驱动"。在 2015 年的全国人民代表大会上有一个热议的话题叫作"大众创业,万众创新",这是具有重大战略意义的。只有通过大众创业,万众创新,才能应对当前严峻的经济形势。

在实际工作中,工作干得漂亮的人,往往是那些创新意识和能力比较强的人。这些人勤于用脑,头脑较灵活。据说人类大脑约 90% 都是处于休眠状态,尚未被开发。

生活需要丰富多彩,日新月异。本书《激活你的创新思维》,就是通过"激"让每个人的思维更加活跃,联想更加丰富,创新能力更加强大。

第二章
激活创新思维

一个能思想的人,才真是一个力量无边的人。
——巴尔扎克

人的悟性，存在先天的差异；但悟性并非不能被开发。激活创新思维就是要开发人的悟性，使之富有较丰富的想象力，善于联想。

激活创新思维是个实践课题。我们平时所说的触类旁通、举一反三、启发启迪，都是强调外力对思维活动的激活作用。

激活创新思维主要有四种途径：物质刺激、精神激励、环境催生和案例启迪。

物 质 刺 激

大量事实说明，物质对创新主体有一定的刺激作用。大到国家，小到具体单位设立的发明创新奖，对创新活动无疑是一种积极的推动。所以，对创新人才要给予优厚待遇，对创新成果要给予应有的奖赏。但是，也不能因此而无限夸大物质的刺激作用，它毕竟只是一种外部因素，只能在其他各方面条件都具备的情形下，才能形成创新成果。

精 神 激 励

精神激励包括"他励"和"自励"。"他励"是指社会风尚和团队精神。三国时期出谋士首先得益于那个历史背景；红军长征远涉千山万水，铸就了一部不断创新、攻坚克难的传奇史，是因为红军战士有着坚定的信念。"自励"是指自己的精神追求。失聪之后的贝多芬，正是秉承对音乐的热爱和不懈的追求，才创作出《命运交响曲》，与命运进行不屈的抗争。这些都是精神因素在起着重要作用。

环境催生

宽松的、民主的、尊重个性的环境对思维创新有巨大的催生作用。但要遵守以下几点要求：

允许非理性、非常规、非逻辑，甚至一时看来荒谬的、可笑的思维活动存在；

不要急于对创新思维进行理性批判，也不要随便以常规思维方式对之进行封杀；

在创新智慧提炼升华的过程中，允许有一定的创造性错误，即所谓"聪明的错误"。

著名的微软公司，特别注重尊重员工的个性。允许员工穿最随意的服装上班，让员工自己选择上班的时间。富有创造性的员工的行为往往与传统和世俗格格不入，显得"离奇古怪"。这就要求组织，尤其是管理者，不但要有较好的包容性，而且还要有很好的鉴别能力，能够分清富有创造性的人的"离奇古怪"行为和行为不良人的颓废行为。

营造创新环境，尤其要宽容失败。爱迪生能够成功发明白炽灯泡也是在失败上千次之后。诺贝尔研制炸药，不但屡遭失败，还为此失去亲人。卓越的科学家无不是经历无数次的失败，才能够摘取成功的果实。创新是一种探索性的实践，充满艰难和风险。在创新者眼里，失败是一笔财富，是一个通向成功的过程。管理学"激励理论"的重要内容之一就是"宽容机制"。明智的总裁认为"失败是我们最重要的产品"，聪明的老总不看轻"败军之将"。美国的硅谷之所以取得传奇般的成功，是因为那里的失败者非但不会受到歧视，反而常常得到善待，因此有机会反败为胜，走向成功。

案例启迪

即从不同角度、不同方面对思维活动进行撞击。三国演义蕴含的谋略，三十六计的千变万化，孙子兵法的博大精深都会对思维活动产生巨大的撞击作用。毛泽东用兵就常常受到孙子兵法的启发。案例启迪的作用主要分为四个方面：激活观念、激活资源、激活潜能和激活思路。

激活观念。没有观念革命，就没有创新活动。要革"我不行，我不能"的自卑观，要敢于否定一切。只有观念更新了，资源才能丰富，思路才能拓宽。只要问题想解决，办法总比困难多。

如果你接触了这本书，熟读了本书的案例后，能够冲破传统观念的禁锢，克服种种思维限制，在困难和问题面前能够树立足够的自信，那么，你就向成功迈出了一大步。

消极	积极
我不行	我最棒
想着困难	想着干成
能挣会花	能花会挣
先吃烂苹果	先吃好苹果

激活资源。万事万物皆资源。世间没有无用之物，只是在一定时期内利益权衡可用不可用和条件限制暂时能用不能用的区别。矿石在人类还不会冶炼时只是石头，而且可能还不如普通石头用途大；但在人类掌握了冶炼技术之后，其价值便超出了一般石头的价值。水，在水源充足地区是廉价的；但在水源稀缺地区，则又是珍贵的；而在茫茫沙漠，水不仅贵重如金，甚至是生命的象征。善于创新之人会联系地、发展地看问题。只有在联系、发展中才有资源整合的可能，才会

有无限商机蕴含其中。

贫穷是不是资源？恐怕大多数人不会认为它是资源，但它确实可作为资源使一方变富，例如本书中"丹波村由穷变富"的案例。

"现象"是不是资源？运用创新思维把"现象"激活并开发利用就可以成为资源。"教育小镇"王桃园位于河北省邯郸市馆陶县城北27公里。全村125户人家，共520人。在这个小村庄里，村民相互攀比的不是谁家有钱、谁家房子盖得好，而是比谁家孩子考上大学的多、考的大学好。自1977年恢复高考制度以来，该村先后走出121名大学生，其中不乏"211"和"985"之类的高校，有9人考上硕士研究生，4人考上博士研究生。2012年全县中考状元和2014年高考状元均出自该村。王桃园村的现象就可作为一种资源，一个卖点，通过挖掘提升，使之成为一个以教育旅游为产业的美丽乡村。

激活潜能。创新思维人人都有，每个人都具有巨大的创新潜能，关键是如何将这些潜能激活和开发出来。通过案例分析，旨在着重培养四种能力，即把握创新规律的能力、抓创新切入点的能力、万事皆通的能力、联系整合的能力。为此，在接触案例时，要带着问题去审视，既要把握事物的普遍性，又要掌握其特殊性及变化趋势，找准事物的关键点和关联点，使自己的创新能力得到有效提高。激活潜能可以从以下几方面展开训练：

一问多解。看到一个n样的图形，你能想象出多少种相似的答案？（譬如：一座小山，一个窑洞，一座小桥，一个发卡，一块型钢，一个馒头，一个弯弓，一个大门等。只要展开想象的翅膀，勇于联想，就会有许多种答案。）

⊓

改变视角。同一个问题如何多角度理解？比如，看到一个酒杯里装有半杯酒，有的人会很沮丧：糟糕！怎么只剩一半酒了；有的人则会很高兴：太棒了！还有半杯酒！

增减功能。过去没有用的不等于现在仍旧没用。过去那种用途不等于现在还是那种用途。马在过去主要用于运输货物、行军打仗，现在则增加了赛马、娱乐等多种用途。

变化对错。任何一个问题能否同时找到认同或否定的理由？我国东南沿海地区每年都会遭受台风的侵袭，引发严重灾害，各级政府都要花费很大精力组织防灾抗灾。2004年华南地区经历了罕见的干旱，对此专家分析认为，这一年多数台风都在东海转向北上，少有进入南海，缺少台风带来的雨水是造成干旱的重要原因之一。没有台风的日子看来也不好过，可见台风的影响也不全是负面的。

留心思考。结合案例开展联想，从而激发新的点子。注重日常的积累和整理，记下每一个灵感、每一个点子，不断创新、丰富你的工作和生活。

在结合案例进行思维训练的同时，注意右脑的开发。诺贝尔医学生理奖获得者美国的斯佩里教授的"左右脑分工理论"认为：左脑是理性脑，右脑是感性脑，创造力的关键是神奇的右脑。所以，要通过多听音乐，常用左手等途径，有意识地开发右脑潜能。

激活思路。在阅读案例时，注意领会和掌握超前、逆向、发散、整合等创新思维形式。譬如，围绕特定的案例，能否提出新的更好的想法？或者多做几次假设，假设是你遇到此问题会怎么办？通过读用结合，提高对几种创新思维形式单独运用、交叉互用和综合运用的能力。

思路即变通之路。变通就是要因人而宜，因时而宜，因地而宜，因事而宜；切不可郑人买鞋，死板教条。改革也是一种变通。正是这种"变"，"变"去了习惯思维和从众心理，"变"掉了束缚我们的体制，才有了今天的巨大进步。任意指定地球上一个地点，不管你身处何地、从哪个方向开始，都可以到达最终目的地。此路不通走他路，水路不通走陆路，陆路不通走空中，此时不行改他时，此人不行他人行。

【案例 2.1】

世界上最贵的午餐——巴菲特午餐。

巴菲特，美国投资家、企业家及慈善家。巴菲特因其在投资领域的天赋和巨大成绩而被人们称为股神。

由来：2000 年起，巴菲特每年都会拍卖一次与自己共享午餐的机会，胜出者最多可邀请 7 位朋友与其在纽约"史密斯 & 沃伦斯基"牛排餐厅共进 3 个小时的午餐。而拍卖收入将会捐给慈善机构格莱德基金会。

"史密斯 & 沃伦斯基"牛排餐厅坐落于纽约曼哈顿 49 街和第三大街交界处。华尔街的金融业和实业界巨头通常喜欢在牛排馆共进午餐，这些餐厅被称为华尔街的"权力之屋"。"史密斯 & 沃伦斯基"牛排餐厅最为著名。

自 2000 年起到 2015 年，巴菲特午餐拍卖已经累计筹集善款 2 015.4 万美元。16 年间，除了 6 人匿名外，共进午餐的多为美国的基金经理，有 3 位中国人先后与巴菲特共进午餐，分别是步步高电子工业有限公司董事长段永平（2006 年，出价 62.01 万美元），中国私募教父、赤子之心中国成长投资基金创始人赵丹阳（2008 年，出价 211.01 万美元），大连天神娱乐公司董事长朱晔（2015 年，出价 234.57 万美元）。

主要卖点：一是投资大师身份的光芒，二是餐桌上话题的开放，三是大师渐渐老迈的身躯。对于渴望得到巴菲特指点的人或者有其他期望的人而言，能与年逾八十的巴菲特共进午餐的机会恐怕都可以掰着指头数出来了。

> **点 评**
>
> 午餐也是资源，将共进午餐的机会进行拍卖，打破了人们的常规思路。中标者获得了与巴菲特共进午餐的机会，而巴菲特为慈善组织募集了资金，一举两得，成就了慈善与商业结合的经典案例。

【案例 2.2】

多年前，美国穿越大西洋底的一根电报电缆因破损需要更换。这时，一位不起眼的珠宝店老板毅然买下了这根报废的电缆。

在一片"他是不是疯了"的议论声中，他关起店门，将那根电缆洗净、弄直，剪成长短不一的金属段，然后装饰起来，作为纪念物出售。大西洋底的电缆，还有比这更有价值的纪念品吗？就这样，他轻松地发迹了。

接着，他买下了欧仁皇后的一枚钻石，那淡黄色的钻石闪烁着稀世的华彩。他不慌不忙地筹备了一个首饰展示会。梦想一睹皇后钻石风采的参观者蜂拥着从世界各地接踵而至。他几乎坐享其成，毫不费力就赚了大笔的钱财。

> **点 评**
>
> 这位老板在"唯一性"上做文章，挖掘、放大产品的卖点，最终赚取了大笔钱财。

【案例 2.3】

在加州的一个海岸城市中，所有适合建筑的土地都已被开发利用了，只剩下一些陡峭小山和海水倒流时常被淹没的低洼之地，因无法作为建筑用地而长期无人开发。

一位颇有头脑的人在到达这个城市的第一天，就从这些被冷落的土地中看到了赚钱的机会。他以很低的价格，先是预购了那些因为山势太陡而无法使用的山坡地，又预购了那些因每天都要被海水淹没一次而无法使用的低洼地。

然后，他只用了几吨炸药、几辆汽车和几个推土机，就把那些陡峭的小山炸成了松土平地，再把多余的泥土倒在那些低洼地上。两块废地变成了宝地。

后来，他获得了成功。

点　评

在系统观统领下，对事物进行增减、重新组合，培育新商机。

【案例 2.4】

美国史密森尼天文物理研究所在编写出版星象目录时，对尚未正式命名的 25 万颗小星星动起了脑筋。这些只有编号、没有名称，肉眼根本看不到的小星星能有什么文章可做呢？有！在创造性思维的作用下，一个惊天动地的创意产生了。该所办起了公司，做起了专售星星的买卖。他们的广告称："您想让您的名字永垂宇宙吗？您想让您爱侣的芳名辉映星空吗？您想让您的亲友英名永驻天际吗？250 美元就能使您如愿以偿。"任何人只要花 250 美元就可以得到"星象命名公司"的一张星座图，知道天上哪颗星星属于自己，而且还有一份正式的登记表。真是天大的诱惑！特别是对那些手头不缺钱的人。可以计算，250 美元乘以 25 万是一个多么庞大的数字，而他们的付出却只是动了动脑筋——创意就是财富。

点　评

出售星星，创意绝妙。仔细分析，世上没有无价值的东西，并且其价值随着时间、环境的变化也发生相应的变化。找出事物隐含的新价值就是创新。

【案例2.5】

美国穷困潦倒的失业者弗勒克在周游了数月后，突发奇想：将大自然的各种水声制成录音带出售，必能发财。

他先后来到巴拿马运河、亚马孙河以及南美热带雨林，用立体声录音机录下了许多小溪、瀑布、河流和热带雨林的各种水声。然后，复制成录音带高价出售。结果，购买者居然如潮而至，生意十分兴隆。

后来，弗勒克又聘用了技艺高超的录音、录像师到澳洲、欧洲、东南亚等地，实地拍摄、录制"水声风光疗法"音像带，在播放海涛声、瀑布声、细雨声的同时，再配以世界各地著名自然风光的图像画面。这种音像带综合运用自然音像效应，成为人体生理、心理康复的重要资料，让患者在优美、逼真又悦耳的自然水声与风光画面中达到健康养生、治愈疾病的目的。

良好的休闲、治疗效果使弗勒克的水声录音、录像带受到市场的欢迎。他也因此财源滚滚，成为亿万富翁。

点　评

世间万物皆资源，关键在于是否有足够的敏感性去识别资源和整合资源。弗勒克在人与自然的联系中寻到了商机，找到了卖点。

【案例2.6】

日本冈山市有栋非常漂亮气派的大楼——冈山大饭店，该大楼是在其拥有者——条井正雄当年身无分文的情况下盖起来的。

条井正雄以前长期在一家银行做贷款股长，负责办理饭店旅馆业的贷款业务，在工作中积累起了丰富的旅馆经营知识，从而产生了经营旅馆的欲望。为此他进行了周密的实地调查，发现来冈山的旅客绝大多数是为商务而来。他还在公路边观察了3个月，发现来往汽车很多，而冈山市却没有一家旅馆有像样的停车场。之后，他用了1年的时间，制成几张饭店设计图和一份经营计划书。抱着试试看的心情，他来到冈山市最大的建筑公司碰运气。得知他身无分文后，一位主管认为他是在白日做梦，让他将设计图拿走。

"这几张图纸和计划书是我花了2年的时间搞成的，我认为很完整。请你们详细研究，我以后再来讨教。"条井正雄不敢多说，把设计图丢在那里，掉头就走。

半个月后，奇迹发生了，建筑公司约他去面谈。该公司召开了董事会，让他参加，从上午8点到下午4点，纷纷向他提出各式各样的问题。最终，建筑公司决定投资2亿日元替这位身无分文的先生盖了这座饭店。

点　评

投资需要资本，常人的资本就是钱。而在超常思维下，一张图纸、一门技术，也同样可以投资，找到别人不曾有的"投资"就是创新。

解放观念，活化资源，开发潜能，拓展思路。这正是本书要帮你解决的。

第三章
创新就在身边

> 对微小事物的仔细观察，就是事业、艺术、科学及生命各方面的成功秘诀。
> ——史迈尔

谈起创新，很多人会认为那是神秘的、高不可攀的，甚至认为是和自己无关的。但事实上，创新不仅和每个人息息相关，而且每个人都可能成为创新中的主体。创新就在身边，在我们日常生活的家中，在神秘的大自然中，在我们不经意的玩耍中和每天的工作中。正是这样丰富的创新，才成就了我们的多彩世界。

在家中萌生的创新

【案例3.1】

进入内燃机汽缸的汽油，由于油路问题，很难均匀分布于汽缸内，从而造成不完全燃烧，难以保证内燃机高效工作。如何让汽油与空气

均匀混合,是解决这一难题的关键。工程师们反复研究,多方实验,却一无所获。一天,美国工程师杜里埃看到妻子在喷香水,香气如雾散开,顷刻香遍房间。他由此受到启发,联想到,如果让汽油也如雾状喷洒,均匀分布于发动机汽缸内,问题不就解决了吗?几经试验,他成功地发明了发动机的汽化器。

点 评

生活细节点拨创造灵感。创新之人当是生活中的有心人。从小鸟到飞机,从烟火到火箭,现代文明正是在最简单的类比思维中得以实现的。

在大自然中萌生的创新

【案例 3.2】

一天,从事纽扣、拉链生意的李先生与朋友们去登山。山上风光很好,但脚下的鬼针草却很烦人——两条裤腿粘得到处都是,甚至坐

下去歇口气，臀部也会被刺得隐隐作痛。花了很长时间才将那些讨厌的东西拔下来，可没走几步，又粘得浑身都是。

回家后，李先生在放大镜下仔细观察发现，这种草很特殊，长了很多细细的带钩的针毛。它们之所以到处"粘人"就是这些细毛在作怪。

李先生猛然想到，如果生产一种像这种形状的针毛，不是可以取代纽扣、拉链吗？经过多次研究和试验，他终于成功地制造出了免扣带。投放市场后，受到消费者的欢迎。李先生在激烈的竞争中占据了高枝，占据了主动，取得了成功。

点 评

鬼针草已经存在了几千几万年，但很多人却漠然视之，只有李先生嗅出了商机。锯的发明也缘于一种带齿草的启发。多留心生活、敏感加好奇就可能产生新的创意。

在游玩中萌生的创新

【案例3.3】

法国名医雷奈克一直希望发明一种用来检查病人的胸腔是否健康

的器具。1816年的一天，他陪女儿到公园玩跷跷板时无意中发现，自己将耳朵紧贴跷跷板的这一端，竟会很清楚地听到女儿用手敲击跷跷板另一端发出的声音。他受此启发，回家后用木料做了一个像喇叭一样的听筒，把大的一头贴在病人的胸部，小的一头塞在自己的耳朵里，居然清晰地听见了从病人胸腔发出的声音。这便是世界上第一部听诊器。

> **点　评**
>
> 　　兴趣和事业心是联系联想的助燃剂。当对一种事物产生浓厚兴趣时或在强烈事业心支配下，人的思维就会呈现极度活跃状态，各种资源、信息就会联系起来，通过联想触发创新、创造灵感。

在工作中萌生的创新

【案例 3.4】

　　点燃酒精炉很不容易，弄不好还容易烧到手。于是有位服务员就发明了加长点火器。它比普通打火机虽然仅仅长了一点，却是非常实用的发明。

点　评

创新就是为了解决实际问题，只要沿着解决问题的思路去深度思考，就会产生出好的创意。

【案例 3.5】

眼下城市街道办事处人员人手不足，且工作对象、工作内容又很繁杂，如何加强党和政府与群众的联系，尤其是沟通思想成为一个难题。为此，某区委宣传部提出在家属院每栋楼前设一个信箱，名曰"悄悄话"信箱。一箱两体，敞开的部分放入各种宣传资料给群众；加锁的部分供群众提意见和反映各种困难。"悄悄话"信箱既是宣传员又能日夜倾听群众的心声。办事处对"悄悄话"信箱收集到的来自群众的批评、建议及时梳理和落实，解决了一系列群众关心的实际问题，从而密切了干群关系。

点　评

主体和客体往往存在着多层联系，运用发散思维找到更好的联系方式就是创新。

【案例 3.6】

"粮画小镇"寿东村位于河北省馆陶县,原是一个名不见经传的小穷村,环境脏乱差,主要以传统种植业为生。如何把该村建设成富裕的美丽乡村是摆在干部面前的一大难题。这时,一个粮食画制作企业想要扩建发展。该县领导就想,能不能把这个企业和寿东村联系起来呢?于是,大胆提出一个创意:把这个企业引入到寿东村。一方面为这个企业解决了用地与扩建发展问题,另一方面为寿东村发展植入了一个产业,也就是粮画产业。通过让村里赋闲在家的妇女们学习粮食画制作,从而解决了她们就业与收入问题。粮画企业也随着美丽乡村建设,知名度大大提高,可谓一举两得。由于植入了一个产业,寿东村美丽乡村建设有了支撑,也有了文化内涵。小穷村变成了富裕村,脏乱村变成了知名的美丽乡村,现在每天到村里游览的客人络绎不绝。

点 评

创新,要善于联系联想,要将看似不相关的资源整合在一起。寿东村加粮画企业可谓一个有创意的新点子,一举两得,使寿东村变成了有特色的美丽乡村,这就是运用创新思维的成果。

第四章
人人皆可创新

你若要喜爱你自己的价值，
你就得给世界创造价值。
——歌德

创新，不是特定人群的专利，不是遥不可及的幻想。人人皆可创新，不论年龄、职业、贫富和受教育程度。

小孩子可以创新

【案例 4.1】

小时候，司马光和小伙伴在一起玩耍。在捉迷藏的过程中，一个小朋友不慎掉进一个大水缸里。面对这突如其来的情况，小朋友们都束手无策，急得团团转。这时，司马光急中生智，从旁边捡了一块大石头向水缸砸去。水流出来了，小朋友得救了。

> **点 评**
>
> 司马光砸缸的故事是逆向思维的结果。一般情况下,遇到从水缸里救人这样的事,人们都会理所当然地从"如何使人离开水"这个方向想,这是一般正常的思维方向。而这群个头矮小的小孩子们,无论如何不可能把落水的伙伴从又高又深的大水缸中拉出来。怎么办?司马光掉转了思考的方向,想到了"如何使水离开人"。"人离开水"与"水离开人",殊途同归,效果一样。当司马光头脑中有了"设法让水离开人"的逆向思维以后,想到用石头砸水缸的具体做法也就不难了。

【案例 4.2】

"随地吐痰退一格、乘车让座进两格、浪费水资源停转一次。"这些赏罚分明的规定,是棋类家族喜添的新成员——奥运礼仪棋的游戏规则。这个三层的立体棋盘,只有通过福娃转盘完成了第一层的所有任务,才可以晋级;而只有越过三层全部 45 个障碍后,才能成为"礼仪之星"。你能想象这样的棋盘出自一个小学生之手吗?

喜爱科技制作的小学五年级学生潘丹琳，发现经常有人随地吐痰、乱贴小广告，不遵守礼仪规范，就萌生了做一套礼仪棋普及礼仪常识的想法。在爸爸妈妈的帮助下，小丹琳花了1个星期的时间，用废旧的航模盒子做出了礼仪棋盘，制定了游戏规则。

一到课余时间，同学们都会让小丹琳拿出这盘棋，一边玩还一边问她，什么叫一米线，怎样才能节约水资源。热爱科技和工艺制作的小丹琳则会给大家耐心地解释清楚。这样，在游戏之中，礼仪常识得到了普及。

点 评

人人皆创新之人，事事可触发创新之念。小丹琳有一双善于观察的眼睛，有勤于动手的好习惯，更有父母创设的有利于创新的宽松氛围，她的小小创意才能从发芽到成长。

下岗工人可以创新

【案例4.3】

20世纪80年代,女工张月下岗了,不得不离开工作多年的工厂。

张月无所适从。但是,她知道她一定要赚钱,女儿要读书,自己要吃饭。于是张月用仅有的积蓄买来一套炊具,在农贸市场里摆摊卖起了煎饼果子。一天,一位卖菜的妇女面带难色来到张月的摊位前,说她要去上货,孩子没人看,想求张月帮助照看一下。张月是个热心人,就一口答应了。过了几个小时,妇女回来了,看见孩子和张月正在小餐桌旁高兴地做游戏,非常感激,一定要付工钱,但被张月婉言谢绝了。

一传十,十传百,大家都知道了张月这个热心人,谁家忙了孩子没人看了,也都来找张月。因为感到把孩子放在张月这里,大家放心。

后来,张月干脆在农贸市场附近找了一间房子,办起了"嫂子饭桌",中午家里没人照顾的孩子都来这里就餐,生意十分红火。

再后来,张月发现,孩子仅仅吃饱,功课没人辅导也不行,就把相邻的房子也租了下来。买来桌椅,请了一位退休的小学教师,帮助孩子们辅导功课。一段时间之后家长们发现,凡是来张月这里就餐的孩子,不仅身体健康而且学习成绩直线上升,有的还当上了三好学生。

张月的名气越来越大,慕名来找她的人也越来越多。张月又租下了两层楼。楼下是餐厅,楼上改成了文化艺术教室,不仅辅导孩子功课,还根据孩子们的特长,教他们唱歌、画画、讲故事。孩子们都亲热地叫她"张妈妈"。就这样,张月由一名普通的下岗女工成为一所儿童艺术学校的校长。

点 评

顺势而进,进即创新。以社会需求为导向去思考,往往一个很小的角度,也会产生不简单的效果。

青年农民可以创新

【案例 4.4】

两个青年一同开山。张三把石块砸成石子运到路边,卖给建房的人;李四直接把石块运到码头,卖给杭州的花鸟商人。因为这儿的石头总是奇形怪状,他认为卖重量不如卖造型。三年后,他成为村上第一个盖起瓦房的人。

后来,家家户户种鸭梨,每到秋天,漫山遍野的鸭梨招来八方客商。就在村上的人为鸭梨带来的好日子而兴奋时,李四卖掉果树,开始种柳树。因为他发现,来这儿的客商不愁挑不到好梨子,只愁买不到盛梨子的筐。五年后,他成为第一个在城里买房的人。

再后来,一条铁路从这儿贯穿南北,果农也由单一的卖果开始谈论果品加工及市场开发。就在一些人开始集资办厂的时候,李四在他的地头砌了一堵三米高百米长的墙。这堵墙面向铁路,背依翠柳,两旁是一望无际的万亩梨园。坐火车经过这儿的人,在欣赏盛开的梨花时,会突然看到四个大字:可口可乐。据说这是五百里山川中唯一的一个广告。李四凭着这堵墙,第一个走出了小村,他因此每年有四万元的额外收入。

村里经济发展了,人们对服装的要求也随之提升,李四又开了个服装店卖西装。没几天,对门也开了个服装店,专门跟李四对着干。

李四店里的一套西装标价800元的时候,同样的西装对门标价750元;他标价750元的时候,对门就标价700元。一月下来,他仅卖出8套西装,而对门却卖出800套。李四不服,便站在自己的店门口与对门的店主吵架。村民不明究竟,觉得李四这么聪明的人,怎么能咽得下这口气。

他们哪里知道,对门那个店也是李四开的。

点 评

创新能力同一个人的知识水平和智商高低并不成正比。李四只是一个农民,知识不多,智商也不见得比普通人多高,却靠独具特色的创新意识闯出了无限广阔的新天地。

穷困的人可以创新

【案例4.5】

有一丹麦穷汉，一无所有，又一无所长，为了糊口，只好给别人打扫卫生。一开始每天给一户做保洁，后来每天给三四户；到后来更多的人找他做保洁，渐渐的生意越来越好。于是，他注册了一家清洁公司，雇人专门为别人家打扫卫生。

到1991年时，他公司的清洁业务已经发展到20多个国家，成了名副其实的国际服务公司。

他没有坐在钱上睡大觉，而是进一步将公司的服务范围从私人家庭扩展到写字楼、厂房车间，甚至轮船、火车、飞机上等。每当一艘万吨级的游轮泊岸、游客上岸观光后，国际服务公司便指派经过公司特殊培训、穿着统一制服的清洁工人登船，利用这段时间，迅速清理好船上的地毯、厕所和桌子，换好船舱内的毛巾和床单，整理好餐厅和厨房等。短时间内，游轮便洁净如新。

点　评

立足岗位进行延伸思考，延伸至他人想不到之处就是创新。

学历低的人可以创新

【案例4.6】

一位学历不高、缺乏技术的美国青年在一家石油公司工作。他的工作极其简单：巡视石油罐的盖子有没有焊接好。石油罐在流水线上，由输送带传送到旋转台上，焊接剂便自动滴下，沿着盖子回转一圈，作业便结束。他每天就注视着那旋转的盖子，枯燥、单调，令人生厌。

想换个工作，没有技术资本，只好专心本职。这个年轻人是个责任心、进取心很强的小伙子。定下心来后，他就开始关心起工作流程。他发现盖子转一圈，焊剂滴落39滴。一切都是自动的，凭自己的技术根本改变不了什么。那么，能否少用一点焊剂以节约成本呢？经过反复观察思考，他研究出了"打滴"技术。虽然试用的情况不错，但偶有漏油现象，只好停止试用。为此，小青年又投入新的试验，终于钻研出了"38滴技术"。虽然仅仅节约一滴焊剂，但公司每年却新增了一笔丰厚的利润。

这位青年从此爱上了石油事业。他就是后来掌握美国石油业95%实权的石油大王——约翰·洛克菲勒。

> **点　评**
>
> 　　干一行，钻一行。不管多么平凡琐碎、不起眼的工作，只要用心和投入，只要有创新之欲，就可能有所见长。长出的那一点点便是创新。

第五章
创新来源与表现形态

没有大胆的猜测就做不出伟大的发现。

——牛顿

当前我国强调的自主创新包括：原始创新、集成创新、引进消化吸收再创新。其内涵有三个层次：一是要加强原始性创新，努力获得更多的科学发现和技术发明；二是要加强集成创新，使各种相关技术有机融合，形成具有市场竞争力的产品和产业；三是要在引进国外先进技术的基础上，积极促进消化吸收和再创新。从创新的内容看，自主创新不仅仅是指技术创新，还应包括观念创新、资源组织手段与管理制度创新、产品创新等。其核心是自主知识产权的获得。

原始创新
3方面

原始创新

集成创新

引进消化吸收再创新

有的学者提出，创新不同于以往人们狭隘理解的"发明创造"，它贯穿于人类生活的各个方面，主要体现在以下五个领域：实物（某种具有实用价值的新物品）创新，制度（某种新的组织方式和行为方式）创新，对策（某种解决特定问题的新策略）创新，理论（某种具有解释力和指导性的新的理论构想）创新和心态（某种内心情绪、态度和观念的转变）创新。

创新在社会中的
5个领域
- 实物创新
- 制度创新
- 对策创新
- 理论创新
- 心态创新

著名经济学家熊彼特在《经济发展理论》一书中，从企业的角度提出，创新应包括以下五种情况：引入一种新的产品或提供一种产品的新质量，即产品创新；采用一种新的生产方法，即工艺创新；开拓一个新市场，即市场开拓创新；获得一种原料或半成品的新的供给来源，即要素创新；实行一种新的企业组织形式，即组织管理创新。

海尔的组织管理创新很具有启发意义。海尔是一家大型的、传统的家电企业，以前层级很多，一线的想法经常到不了老板那里。如今，海尔实现了组织形态上的扁平化，成为一个创业平台。年轻员工如果有想法，不需要层层上报，而是可以自己出一部分钱，海尔配一部分钱，很快就能把想法诉诸实施。通过组织形态的改变，海尔确实推出了一些新产品。比如为了满足孕妇的需求，他们做了一种投影仪，可以将有关内容投影在天花板上，让孕妇躺在床上就能看电影、新闻等，市场反应非常好。再比如他们推出了一种微型洗衣机，可以对衣物的局部进行清洗。

创新在企业中的
5种情况
- 产品创新
- 工艺创新
- 市场开拓创新
- 要素创新
- 组织管理创新

罗杰斯·艾瑞特在《创新的传播》一书中提出，任何创新都要接受 5 个重要标准的审查，即相对优势——人们是否认为这个创新相比过去有所进步；相容性——创新是否会与使用它的人们的价值观、经历和需要相容；复杂程度——潜在的使用者使用和理解起来容易吗；可试验性——在决定使用之前，人们能否试验这种创新；可观察性——人们看到创新效果的难易程度。

也就是说，创新不仅是发明的过程，更是一个为社会接受的过程。一个新东西被发明出来，大家认识到这个发明相对过去是个进步，然后才能逐渐传播开来。

第六章
创新思维特点

　　独立思考能力是科学研究和创造发明的一项必备才能。在历史上任何一个较重要的科学上的创造和发明，都是和创造发明者的独立地深入地看问题的方法分不开的。

——华罗庚

什么是思维

思维是一种高级、复杂的认识活动,是人对客观事物本质特征和规律性联系的间接的、概括的反映。它是人类认识的理性阶段,能更深刻、更正确、更完全地反映客观事物。

间接性和概括性是思维的两个最基本特征。所谓间接性,指思维是凭借一定的媒介,主要是知识经验,来反映客观事物的。例如,早晨起来看到地面是湿的,人们便可推测昨晚可能下过雨;夏天天气闷热,蜻蜓低飞时,人们能预料将会下雨。所谓概括性,指思维是通过抽取同一类事物的共同特征和事物间的必然联系来反映事物本质的。同一类事物的共同特征就是该事物的本质特征;事物间的必然联系也就是事物间的规律性联系。正是由于这一概括性,人的思维才能透过表面现象来认识事物的本质和规律。例如,通过感知我们只能看到具体的一只鸟的外形和活动情况,而通过思维我们才能认识鸟类的基本特征:有羽毛、会飞、卵生。思维的间接性和概括性是相互联系的。人之所以能够间接地反映事物,是因为人有概括性的知识经验,而人的知识经验越概括,就越能扩大间接反映事物的能力。

什么是创新

创新,简言之就是创造新意。比别人站得高、看得远、想得透、玩得巧是创新;增加一点儿是创新,减少一点儿也是创新;功能改变或完善是创新,换个角度去做也是创新;想别人所不能想、不敢想是创新;站在历史某一个点上,追求现代是创新,回归自然也是创新。

创新就是"变戏法",就是与众不同。

加一点，减一点，是创新

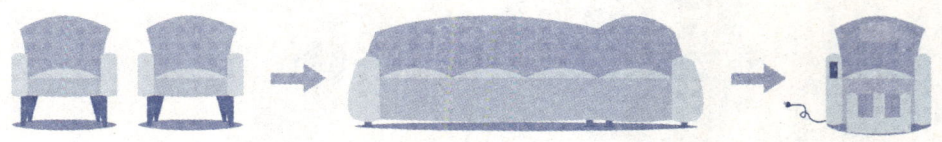

沙发有单只的，几个沙发组合在一起便是组合沙发，沙发再加上电动按摩设备就成了按摩沙发。

一台普通的台式电脑很大，有主机、显示器、鼠标、键盘；一台笔记本电脑小很多，简化的只有键盘和显示器大小；一台平板电脑更小，就只有显示器大小。这背后是科技创新在推动产品演变升级。

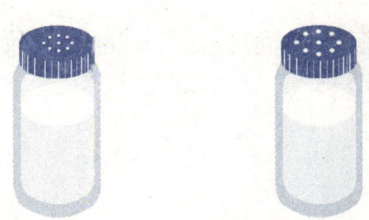

日本一家味精厂欲增加市场销售量，采取了多种形式的促销活动，收效甚微。一名女工为老板出了个主意：将瓶盖口留大一点儿。这样，厨娘每次可多抖下 5 颗味精。此招甚灵，味精的市场销售量很快增加了许多。

"大一点儿"就是创新。创新就这么简单，然而很多人却缺乏如此简单的创意。"大一点儿"，通过这不起眼的量的增加，使整体发生巨大变化。

眼镜戴着很麻烦，有时还影响美观，那么能不能简单一点？于是有人运用了"减法"，把厚度减薄一点，就有了超薄眼镜；再进一步做"减法"，又有了隐形眼镜，这就是创新。

长一点，短一点，是创新

加长汽车也是创新，一辆加长汽车的销售价格是一辆普通汽车的几倍。

自拍杆，这是一个看似不起眼的小小创新，因为它只是如此简单地"延长"了一下手臂，但却满足了消费者真正的心理诉求，创造了一个刚性需求市场，造就了一款成功的产品。

为了迎合现在的时尚人群穿鞋美观这一诉求，传统的高袜筒变为了短袜，这也是创新。

往前点，往后点，是创新

敞篷车的兴衰变迁。敞篷轿车从汽车初兴，经第二次世界大战至19世纪60年代中期，在美国经历了三起三落的变迁。19世纪70年代以后，装有空调、音响设备的封顶轿车超越了露天通风的敞篷车，因此几家大的生产敞篷车的厂家先后停产。1976年4月21日，底特律市长科尔曼·扬甚至煞有介事地为美国最后一辆敞篷轿车举行了"告别仪式"。从此，这种汽车在大街上消失了。

刚刚担任克莱斯勒汽车公司董事长的艾柯卡，却独具慧眼地看到了汽车造型"高岸为谷，深谷为陵"的变化规律。大胆决定重新生产

敞篷轿车。他先让手下人将一台旧式的敞篷车改造为样车。当他把这辆样车开进中心市场时，引起了极大的轰动。他因此了解到了美国人希望重温旧梦，再度体会开着敞篷车兜风的心理。回到办公室后，他立即通知制造部，无须再做市场调查，马上生产敞篷车！1982年，"道奇400"新型敞篷车先声夺人，投放市场后十分畅销。开始预计仅有300辆就能满足市场需求，没想到最终竟卖了23 000辆。后来，通用、福特也紧追其后生产敞篷车。克莱斯勒多年来头一次走在了同行的前面，这使艾柯卡感到无比自豪。

什么是创新思维

创新思维即能够创造出新意的思维活动和能力。也可以说，突破现实和常规思路的约束，寻求对问题全新的、独特性的解答方法的思维活动就是创新思维。从某种意义上讲，创新思维就是新异思维，在"新"和"异"上追求突破。创新思维表现为以下特点。

创新思维特点 ｛ 务实思维　竞争思维　开放思维　万通思维　目的导向型思维　结果导出型思维

创新思维是务实思维

为什么要创新？这是谈论创新首先要回答的问题。有的人只是为新而新，无的放矢，脱离实际，哗众取宠。这里应鲜明地叫响一个观点：创新是为了解决问题。务实是创新的根本点和出发点。沿着解决问题的方向走，就是创新的过程。当走到没有人能达到的境界和高度时，就是创新成果形成之时。新就新在最实处。创新过程就是务实的过程。尽管思维活动可以异想天开，但最终只有落到实际层面才能真正体现创新的价值。创新就是要善于把握问题的实质和规律，要着眼于切中要害，解决问题：就像打靶一样，不苛求子弹能飞出美丽的弧线，关键是看子弹能否打到靶心上。创新不应只是纯理论的课题，更应是一个极具实践性的课题。

【案例 6.1】

索尼公司的创始人盛田昭夫有一天外出散步时，看到一个好朋友头戴耳机，手提笨重的录音机，也在那里散步，对此他又奇怪又觉得好笑。那位朋友解释说："我喜欢听音乐，可又不愿意影响别人，就只好戴上耳机，边散步边听音乐。"

听了老朋友一席话，盛田昭夫想：何不生产一种能够随身带的听音乐的机器，以满足这部分人的需求？

索尼公司立即展开了缩小录音机零件的研制工作。没多久，世界上最小的放音机（"随身听"）就问世了。

"随身听"刚投放市场时，销售部门和销售商担心这种产品功能太少，没人会买。盛田昭夫坚定地反驳说："汽车音响也没有录音的功能，可是几乎每部车都需要它。因为它贴近和满足了人们的需要。"

第一批"随身听"一上市就引起轰动，赶时髦的年轻人争相购买，一年就售出了 400 万部。

> **点 评**
>
> 围绕解决实际问题创新,锁定消费对象,为其提供人性化服务,这便是务实思维。

【案例 6.2】

20世纪90年代,开放的中国和中国人,迫切地需要拥有与外界对话的工具,而语言则首当其冲。人们都希望能够尽快拥有外语这项技能,拿到这把通向世界的金钥匙。此时,俞敏洪嗅到了机会。他和他的新东方英语学校就是在这种情况下诞生的。十几年后新东方在美国成功上市,一个中国教育界的巨人屹立起来。

然而,作为英语教育界权威专家的俞敏洪却曾经在高考中因英语不及格两次落榜。恰恰是这样一个在英语面前吃过亏的人,第三次高考却被北京大学的西语系录取了,还是学英语。正是在英语学习上一次次地栽跟头,才让他最终和英语较上了劲。他说,自己的成功只有一个方法:坚持,而且是用笨办法坚持。他还经常公开曝光自己做过的"笨事"。正是这样的"笨方法""笨形象",让学生们在新东方的课堂上不由得会觉得,自己似乎也可以按他的方法一步步走向成功,从而收获了足够的自信,也得到了鼓舞。

> **点 评**
>
> 用战略的"眼光"看社会的发展趋势,是从事一项事业并取得成功的前提。在实践中,最"笨"的办法可能不是最简捷的办法,却往往是最有效、最稳妥的办法,用"坚持"的品质,将"笨"办法一如既往地实施下去,就能克服创业路上的一切困难,这是典型的务实思维。

【案例 6.3】

给小孩子扎针输液是一件很困难的事。由于小孩子血管太细，经常被扎了很多针也没有扎进去，护士很难办，家长也特别心疼。中科微光的朱锐为了解决这个问题，翻阅了大量文献资料，经过 8 个月左右的研发，成功推出了"扎针神器"。这种投影式血管成像设备能帮助护士直观看清原本模糊的血管，可广泛用于儿童、老人、肿瘤病人等扎针困难人群，投放到医院使用时，获得护士一致好评。"扎针神器"不仅在国内取得了成功，而且获得了海外市场的认可，第一年就创造了千万元的销售业绩。

点 评

此案例成功的根本就是着眼于小孩子扎针输液难这个问题。纵观几百年医学技术的发展，工具的发展和技术的革新带动着诊断和治疗的进步。影像技术创新会改变甚至颠覆现有治疗方式，这也是务实思维。

【案例 6.4】

"一个简单的皮带张紧装置有望使国家原油年产量增加 1 800 万吨"，这一令人难以置信的"神话故事"近日得到胜利油田和江苏油田相关方面的实验证实，而讲述这一故事的是江苏扬州一家民营科技企业。有一天，公司董事长帖德顺，得知野外作业的采油机依靠橡胶皮带传递动力，皮带老化、变形或雨雪天气都难以避免地会造成机器"丢转"（皮带打滑导致动力传输不同步）而降低生产效率，若更换皮带或人工调整电机位移以张紧皮带，又会停工误产。这引起了帖德顺的思考：能否利用东方吊架公司的核心技术实现传动皮带的实时自动张紧呢？他立即召集全厂技术人员"立项""开题"并果断投入研发资金，生产的样品很快被送到了胜利油田和江苏油田的采油现场。经过反复的实验和测试，取得了令人惊喜的效果。

点　评

务实思维的本质在于解决实际问题。一个小小的装置发明，解决了油田生产的大问题。

【案例 6.5】

1992 年，美国总统大选进入关键时刻。有一家杂志披露了克林顿曾有过五桩婚外情的消息。舆论为之哗然，以至于克林顿原本在民主党内 5 个竞争对手中遥遥领先的支持率一下跌落了 14 个百分点，而此时离关键的预选只有 8 天了。

这一天，克林顿夫妇出现在哥伦比亚广播公司的"60 分钟"节目上。克林顿非常坦率地对选民说："我承认曾做过错事，使我的婚姻受到了挫折。但我是坦诚的。我相信，大部分美国人会因为我的坦诚而原谅我曾做过的错事。"他的夫人希拉里也接着说："我认为我们夫妻生活中所发生的事情及其细节原因，与其他人没有任何的关系。我爱我的丈夫，我尊敬他，并十分珍惜我们所走过的每段路。如果这还使你们信不过克林顿的话，那就实在太令人遗憾了。"

话音刚落，演播室的上方，突然落下个什么东西，眼看就要砸在希拉里身上了。只见克林顿眼疾手快，一把拉过夫人紧紧抱在怀里，长达 30 秒死死不松手。

这戏剧性的一幕让选民们领略了克林顿的临危不惧，目睹了一对身处危境中的恩爱夫妻。克林顿终于再度赢得了选民们的信任。

点　评

在大选关键之时能否化解舆论危机是克林顿面临的最实际问题。夫妻联手辟谣，丈夫舍身救妻，"事实"胜于雄辩。将一对身处危境中的恩爱夫妻，尤其是极负责任感、临危不惧的"伟大丈夫"形象，直观地展现在亿万选民面前。这一创意利用"近因效应"，使选民跳出"从婚外情到人品"的逻辑推理框框，换回了对克林顿的信任。

【案例 6.6】

神奇的"新三板"。"新三板"市场原指中关村科技园区非上市股份有限公司进入代办股份系统进行转让试点，因为挂牌企业均为高科技企业而不同于原转让系统内的退市企业及原 STAQ、NET 系统挂牌公司，故形象地称为"新三板"。

2015 年上半年，牛气冲天的 A 股让人叹为观止。6 月 7 日，上证综指在 2008 年 1 月 21 日之后，时隔七年半后重回 5 000 点。沪深两市成交量屡屡突破两万亿元。然而享受资本盛宴的不只是 A 股。在我国多层次资本市场快速发展的今天，另一个向未上市企业提供融资服务的场外资本市场同样迎来资本"淘金热"，涨幅甚至超过 A 股，这就是扩容刚刚一年半的"新三板"。截至 6 月 10 日，发布仅半年的三板做市指数累计上涨 80.17%，三板成指累计上涨 75.28%，均高于同期的上证综指 57.85% 的涨幅。挂牌公司数量一年半内增加 7 倍，未来 2 年内或将达到 1 万家；挂牌公司类型为主板上"从未有过的公司"；挂牌公司股价涨幅最高的达 1 077 倍，股价涨幅在 10 倍以上的多达 20 家；挂牌公司业绩大多数为盈利，排第一位的湘财证券净利润近 8 亿元。

> **点　评**
>
> 　　中小企业融资难是当前一个突出问题，该案例是围绕怎么解决这个问题的创新。由"中关村"到"全国性"非上市股份有限公司股权交易平台，"新三板"顺应了时代的潮流，为未上市的中小企业提供融资服务，很快成为中小企业融资的首选。

【案例 6.7】

2005 年 9 月，周鸿祎创立了以免费杀毒软件为主营的网络安全平台公司——奇虎360。奇虎公司推出的 360 杀毒软件，能够在互联网上迅速崛起，原因何在？这并不是因为 360 杀毒有多么好用，而是它的存在满足了市场的巨大需求。当时，互联网木马、病毒、流氓软件横行，却始终得不到遏制，这让电脑用户们感到万般无奈。正是在这种情况下，360 杀毒出现了。它不仅完全免费，而且有效地改善了这种情况，净化了互联网风气，因而得到了用户的认可。

> **点　评**
>
> 　　急用户之所急，想用户之所想，帮助用户解决问题，才能够赢得市场。

【案例 6.8】

美国 17 岁的小农夫亚默尔是淘金队伍中的一员。他历尽艰辛来到加州，却同大多数人一样，没有挖到一两金子。

淘金梦是美丽的，但山谷中艰苦的生活却令淘金者们难以忍受。特别是当地气候干燥，水源奇缺，令寻找金矿的人最痛苦的就是没有水喝。许多人一边寻找金矿，一边不停地抱怨。

一位淘金者说："如果有人让我痛饮一顿，我宁愿给他一块金币。"

在一旁埋头挖金的亚默尔,听到这些人发的牢骚后就想:如果我去找水卖给这些人喝,也许比挖金矿还要赚钱。想到这,亚默尔毅然放弃淘金,挖起了水渠。他先把远方的河水引到一个池子里,再一遍遍地过滤,直到成为清凉可口的饮用水。亚默尔把水装进桶里,运到山谷,一壶一壶地卖给那些找金矿的人。

当时,有人嘲笑亚默尔,说他胸无大志。但亚默尔却毫不介意,继续卖他的饮用水。结果,许多淘金者都空手而归,甚至有些人还忍饥挨饿,流落异乡,而亚默尔却靠卖水赚了一大笔钱。

点 评

淘金梦虽然美丽,但淘金者缺少饮用水更是急迫的现实之需。及时发现"现实之需",着眼小角度,延展需求链,开发大需求,才能有所成就。

【案例6.9】

一位美国大学生毕业求职时,问加州报馆的经理:"你们需要一个好编辑吗?"

"不需要。"

"需要记者吗?"

"也不需要。"

"那么排字工、校对员呢?"

"不,我们现在什么空缺也没有。"

"那么你们一定需要它了。"大学生从包里掏出一块精致的牌子,上面写着:"额满,暂不雇用。"结果,这位年轻人被留下来做宣传工作。

点 评

从实际出发，标新立异就是创新。本案求职者从对方之需考虑可谓标新立异。

【案例 6.10】

某国的一个警察局，有一次抓住了一名专门偷汽车的大盗。据介绍，此人从 18 岁开始偷汽车，偷车手法可谓"炉火纯青"，不管多高级的汽车，他最多只需 1 分钟就能偷走。他偷过的汽车总价值在 5 亿元以上。他也曾因盗窃汽车坐过 11 年牢。对于这个人，警察局长觉得，让他那"高超""精湛"的偷车技术闲着不用，未免有些"可惜"，应该让他的特长有所发挥。经过一番深思熟虑，警察局长决定重用他：聘请他担任该局的"汽车防盗技术指导"，并且成立一个技术小组，专门研制汽车的防盗设备。果然，在这位"神偷"的指点下，研制出的汽车防盗设备性能优良，效果也特别好。这位警察局长"用其所长"的办法，不仅对防止汽车被盗、维护社会治安起到重要作用，还卓有成效地使一个惯偷将其"技术"服务于社会。

点 评

围绕解决某个特殊问题，务实的过程就是创新的过程。常人难于去想，更难于去做，"难"的事情你要敢于尝试。"重用"小偷本身就是创新。"不管黑猫、白猫，抓住老鼠就是好猫"的论断就是对务实思维的最好诠释。

【案例 6.11】

"非典"时期,有位民营企业老板想捐赠 1 万元。当时,很多老板已经捐过了,有些数额还很大。还可不可捐款?怎么个捐法?带着这个疑问,他找到"非典"某指挥部。"非典"某指挥部领导接待了他,听了他的想法后,首先给予了肯定,并给他出了个主意。老板听了非常高兴,欣然同意。

具体创意是:把 1 万元钱分成三份,捐给封闭的一线医护人员。一份给他们投了 20 万元保额的"非典"保险;一份给他们增加生活补贴;一份给他们正在上学的子女送书包和食品。这个创意既解决了一线医护人员最关心的问题,又使民营企业老板得到了精神的最大满足,保险公司也扩大了业务,可谓一举多得。

点　评

务实之至,就是创新。当时,大部分捐赠捐的是钱、药物和器具。而封闭的一线医护人员最需要什么?每人入一份保险是精神安慰,关心他们的孩子使他们免除后顾之忧,增加伙食标准则是他们疲惫的身体急需的。此捐赠凸显人本关怀,礼虽轻但情义重,效果奇佳。

【案例 6.12】

濒临破产边缘的儿童鞋厂,只用一个创意便起死回生。

针对儿童穿鞋不容易分清左、右脚的特点,儿童鞋厂设计出这样一种儿童鞋:鞋面由儿童喜爱的孙悟空形象组成,左、右脚各一半,穿对了就是一个完整的孙悟空形象,穿错了孙悟空形象就拼不上了。这种鞋一面市,就大受儿童及其家长的喜爱,十分畅销。

激活你的创新思维

> **点　评**
>
> 　　生产经营强调以市场为导向，实际上也是以个性需求为导向。个性即特殊性，特殊性往往与独创性相联系。本案正是抓住了儿童这一特殊消费群体的个性需求，对市场进行了有效开发，最终使儿童鞋厂起死回生。

【案例 6.13】

　　品川芳明是日本一个白手起家的亿万富翁。创业之初的他，手头拮据，只能在温饱线上度日。

　　一次在乘电车回家途中，他隔着车窗看到一个很不平常的镜头：不动产中介所的玻璃门上，各式房地产买卖、介绍的纸条贴得杂七横八，令人反感。他突然想：如果把这些纸条汇拢整理、印成小册子，分售给顾客和房地产商，一定会受欢迎。

　　品川芳明很快就收集并印好了首期不动产物业目录手册。当精美漂亮的小册子出现在人们面前时，立即受到欢迎，它带来了方便，也为交易、买卖的双方提供了尽可能多的目标和对象。仅东京就有1万多家不动产商与品川签订了合同。此后，品川乘胜发展，相继在横滨、大阪、名古屋开设分店。品川由此走向事业巅峰。

> **点　评**
>
> 　　关注并挖掘市场需求，在常人熟视无睹处找寻商机，做足文章。

【案例 6.14】

　　晏青生下一个男孩。全家快乐之余，麻烦也接踵而至。刚生下的孩子总是不明原因地哭个不停，家人四处求医也不见效果。年轻的母亲在细心照料孩子的过程中找到了原因。原来是孩子护脐的绷带绑得太紧了。不过这绷带也实在不太好用，绑紧了，孩子不舒服，绑松了，又起不到效果。这可怎么办？殷殷舐犊情使这位母亲开动了脑筋。第二天，晏青发挥自己的聪明才智，动手设计了一条使用简便、富有弹性又不易滑落的护脐绷带。当给孩子换上新绷带后，孩子果然不哭了。晏青又缝制了几条，送给小姐妹们，反映也都不错。晏青干脆缝制了一批，拿到市场上去卖，结果大受好评，十分畅销。

后来，晏青又发现：孩子睡觉时，总爱蹬被子，很容易着凉；改用睡袋呢，温度又不便调节，因为睡袋的一端过于密闭，不通风透气。晏青又动起脑筋：如果将被子的舒适性与睡袋的保温性结合起来就好了。被子既要不容易蹬掉，又要能调节温度，还要通风透气——经过多次试验，"双层睡袋"又在晏青的手中诞生了。正是育儿的难处激发了晏青一个又一个的创意。这些创意深受妈妈们的欢迎，于是，晏青一一申请了专利，并果断地辞去公职，创办了"婴儿用品厂"。

其后，为解决婴幼儿尿湿裤子的问题，晏青又发明了"四脚棉裤"；为解决母亲喂奶的尴尬，发明了"喂奶文胸"……她坚持走"专利建厂、专利立厂、专利护厂"之路，很快就拥有了16项发明专利，8大系列200多个规格品种的婴幼儿用品。晏青的事业蒸蒸日上，她也成为名副其实的专利企业家。

点 评

生活是创新的源泉。只要做个有心人，勤于思考，生活中的每个细节、每个困难，都可能成为发明创造的切入点。

【案例 6.15】

200多年前，英国政府在将罪犯押往澳洲的途中，面临一个难题。

由于条件恶劣，多达 30% 的罪犯死在去往澳洲的途中。许多英国绅士普遍呼吁政府设法降低罪犯在旅途中的死亡率。

当时人们想了很多办法。有的建议加强营养，有的建议提供良好的医疗设施，还有的建议每次不要太拥挤。政府采纳了这些建议。

在最初阶段，政府根据在英国港口上船的罪犯人数，向私有船船主支付运费。支付的费用足以保证在海上长途航行过程中，每个罪犯都有足够的食物及良好的医疗保障。

然而，一些唯利是图的船长并没有把政府多提供的钱用在罪犯身上，他们想方设法降低运输成本，甚至将罪犯的食物囤积起来，让罪犯们饿死，到了澳洲后再把罪犯的食物转手卖掉。所以，拯救生命的建议似乎没有被私有船船长热心地实施。英国政府不得不另想办法。

有人提议可以用法律的手段强迫船长更有人性地做事，比如可以通过法律的手段制定最低的食物标准和医疗标准。

这似乎是一个不错的方案。但为了有效实施这个方案，人们不得不多做一些事。如：指派一名政府官员随船监督，以确保船长照章办事。但，谁能确保那名政府官员不受贿或不受那些野蛮船长的威胁？所以，这个方案在理论上可行，但在实践中效果将大打折扣。

最后有人想出一个聪明的办法，不按照在英国上船时的人头付费，而是按照到澳洲后下船时的人头付费。

这样，政府就用不着花钱派人在船上盯着船长的一举一动，只要给船长自己做这个工作的动力就行了。政府也用不着费心去计算使一个罪犯得以生存所需的食品和医疗设施了，只要让船长自己去计算就行了。

点 评

围绕解决问题,在整个工作链条上发散思考,找出那个关键点就是创新。这是一个简单、聪明、省钱,又能从根本上解决问题的办法。从经济学的角度来说,动机是解决问题的巨大力量。制定一个制度,让船长有动力去发现提高犯人存活率的方法,比用法律压制他们的私利更有效。

创新思维是竞争思维

强烈的竞争意识应该是创新思维的一个重要特征。"没有花香,没有树高,我是一棵无人知道的小草。"具有这种思维观念的人不可能有什么创新。在市场经济的大潮中,在日新月异的发展中,竞争无处不在,无时不在。所以,培养竞争意识非常重要。没有竞争意识就没有创新意识,没有创新意识,创新思维活动就不可能进行。同样,没有了创新思维,竞争也就成了"无源之水、无本之木"。可以说,竞争与创新互为依存,缺一不可。

【案例 6.16】

小米公司从 2010 年创办到 2013 年的短短三年时间里，已经成为中国第四大互联网公司，仅次于阿里巴巴、腾讯和百度。小米的创新主要有三点：

一是营销模式的创新。小米手机除了运营商的定制机外，只通过电子商务平台销售，最大限度地省去中间环节，这样的运营方式相比其他方式能大大降低成本，从而最终降低终端的销售价格。与其他电子商务企业不同的是小米从未做过广告，而是借助微博、社区、微信及论坛等网络媒介的力量来进行产品推广。这种通过口口相传形式的粉丝传播，比广告效果更好。小米还注重产品与用户的互动，让用户充分体验参与感。在小米论坛、小米活动与小米 QQ 空间及微博中，小米公司投入大量人力做好服务反馈等事宜。

二是让用户参与设计。小米手机通过互联网与消费者进行互动沟通，并根据用户反馈修改产品设计以及软件。小米每周更新四五十个，甚至上百个功能，其中有三分之一是由顾客提供的。

三是组织管理创新。小米公司的组织管理摒弃金字塔结构，极度扁平化，整个公司只有 3 个层级：7 个核心创始人、部门领导、员工。除了 7 个创始人有职位，其他都没有职位，都是工程师，晋升的唯一奖励就是涨薪。公司的组织单元是一个个 4~5 人的项目小组，这些小组各自独立，不是谁审批谁，谁服从谁的关系，而是谁需要谁的关系。

点 评

这是一个需要快速创新的时代，创新就是竞争力，就是生命力。小米公司准确把握住了互联网时代企业发展的规律，从这些方面着手创新，在已趋于饱和的手机市场找到了自己的一席之地。

【案例 6.17】

尤伯罗斯在组织第二十三届洛杉矶奥运会时，利用制造竞争的办法筹集经费，一举改变了历届奥运会亏损的历史，被美国人誉为传奇式的英雄。

四年一度的世界体育盛会——奥运会，是推销商品的绝好良机。许多厂商纷纷报名申请，想成为奥运会的赞助单位，仅两个月，就有1.2万多家厂商报名。

此时尤伯罗斯却十分清醒，他吸取了1980年冬季奥运会的经验。当时赞助单位虽然不少，有381家，但组委会却仅得到900万美元的筹资，平均每个单位仅出资2万美元，最多的不过29万美元，最后竟亏损了60多万美元。而且推销同类产品的就有五六家，在运动场内你争我夺，秩序相当混乱。而这次奥运会，预算是5亿美元，三分之二需由厂商提供赞助。为此，尤伯罗斯大胆决定：赞助单位只限30个，同时规定每个赞助单位至少出资400万美元，并且同行业只选一家。为了提高赞助的吸引力，尤伯罗斯为赞助商设计了一系列的"好处"：赞助单位可将奥运会的会标和吉祥物印在产品上。这些产品将作为奥运会的专用品，在各运动馆任意设摊出售，而且在入场券的分配方面也有特殊照顾。尤伯罗斯摸透了厂商的心理：谁取得了赞助权，就意味着谁的产品在同行中独占鳌头，因此这400万美元的赞助不愁没人提供。

果不其然，不出两年，组委会就与30家居于同行业领先地位的超级跨国公司达成了协议。以饮料为例，参加竞争的有可口可乐、百事可乐、七喜等公司，结果实力雄厚的可口可乐公司以1 260万美元获得赞助权。

这一竞争使各赞助厂商纷纷在自己的赞助费上加码，以击败竞争对手。像富士为了击败柯达成为赞助商，一口气出资700万美元，使坐山观虎斗的"渔翁"——尤伯罗斯大获其利。电视转播权的出售也采取了同样的方法，经过美国四家广告公司竞争，"美国广播公司"以2.25亿美元胜出，成为组委会最大的一笔收入。

洛杉矶奥运会结束后，组委会宣布盈利2亿多美元，举世轰动。它标志着奥运会经济运行机制的转变，商业化的手段开始占据主要地位。

点 评

制造"市场短缺"，引导相互竞争，坐收"渔翁"之利，这便是竞争思维。

【案例 6.18】

史考伯属下的一个工厂生产效率不高，一直无法完成定额。为此他伤透了脑筋，换了几任厂长也不见效果。后来，他又换了一个自己十分赏识的人任厂长，情况仍然没有改观。于是，他决定亲自处理。

一天，史考伯来到工厂，与厂长一起到车间察看情况。当时日班已结束，夜班正要开始。

到了生产车间后，史考伯问一个正要下班的工人："你们这一班今天制造了几部暖气机？"

"6部。"

史考伯不说一句话，在地板上用粉笔写下一个大大的阿拉伯数字"6"，然后离开了。

夜班工人上班时，看到地板上那个"6"字，就问是什么意思。"大老板今天来这儿了，"那位日班工作的员工说，"他问我们制造了几部暖气机，我们说6部，他就把它写在了地板上。"

第二天早上，史考伯又来到工厂。看到夜班工人已把"6"擦掉，写上一个大大的"7"，就满意地离开了。

日班工人第二天早上来上班时，当然看到了那个大大的"7"字。

一个爱激动的工人大声叫道:"这意思是夜班工人比我们强,我们要让他们看看到底是谁强!"他们加紧工作,那晚他们下班之后,留下一个颇具威胁的"10"。

就这样,两班工人竞争起来。不久之后,这家产量一直落后的工厂,终于赶在了其他工厂的前面。

点 评

人都有荣誉感。谁都希望更加卓越,在这方面引导的办法就是竞争。此例中,简单数字代替了千篇一律的说教和烦琐的清规戒律,从而引发了实实在在的竞争。

【案例 6.19】

日本有个商人开了一家药店,取名为"创意药局"。起步就出奇招:将当时售价为 200 日元的常用膏药以 80 日元卖出。由于价格比别人低了许多,所以生意十分兴隆。有些顾客宁可多跑路也要到他的药局来购药。膏药的畅销使这位商人亏本越来越大,但药局的知名度也越来越高。3 个月过后,药局开始赢利了,且利润越来越大。为什么?因为前来购药的顾客单纯买膏药的不多,许多人会顺便买一些其他药品,而这些药品是有利可图的。靠着贱卖膏药多招顾客,靠着顺带售药赢得利润,所赢大大超过所亏,不仅有利润,还深得顾客信任,树立了良好的口碑。

点 评

局部减法,整体加法。超市往往推出大幅海报,公告市民一些日常消费品的超低价位,吸引众人前去购买,顺便销出利润较高的商品,都是同一道理。

【案例 6.20】

小狗电器是一个吸尘器品牌。2007 年 6 月，小狗吸尘器入驻淘宝。2010 年 9 月 3 日小狗吸尘器创造当日销售 2 356 台吸尘器的行业奇迹。2011 年 11 月 11 日小狗电器旗舰店（天猫店）创单日销量 15 340 台售卖纪录。2012 年 5 月 18 日淘宝万人团活动期间售出吸尘器 29 416 台。2013 年 3 月 13 日，V-M600 全网首对情侣定制机"天生一对"上市，26 小时 10 000 台告罄。2014 年双"十一"，小狗 D-9005 吸尘器 24 小时火爆销售 23 000 台。小狗的成功，一方面在于其特有的品质特性和良好的口碑，更重要的就是其创新的精神。在中国，小狗是第一个上市大功率的手持吸尘器品牌，第一个上市智能机器人吸尘器，第一个上市巨型的 80 升工业用吸尘器，第一个上市巨型的专吸铁屑、玻璃碴的工业用吸尘器，第一个上市建筑粉尘专用的第四代无耗材吸尘器，第一家入驻国美、苏宁电器的吸尘器品牌。每一个"第一"都是一次创新，让它在同类产品中拥有更强的竞争力。

点 评

创新就是竞争力。要想在激烈的市场竞争中立于不败，只有不断地创新。在一次次创新的过程中不仅提高了技术，更赢得了市场。

【案例 6.21】

日本一家公司对 3 位前来应聘市场策划职位的年轻人进行思维测试。公司将这 3 人送到广岛，按照当地的最低生活标准，付给他们每人生活费 2 000 日元。考题是：在那儿待上一天，看谁能将更多的钱带回来。

A 很聪明，他先花 500 日元买了一副墨镜，除充饥外，又用余下的钱买了一把旧吉他。然后来到一个繁华的广场，表演起了"盲人卖艺"，琴盒里的钱慢慢多了起来。

B更聪明，他花500日元买了一个箱子，并贴出一张广告："将原子弹赶出地球——纪念广岛灾难40年暨加快广岛建设大募捐"。余下的钱雇了两位中学生现场演讲，以激起人们的爱国热情。结果，他得到很多募捐款。

C却不知怎么想的，似乎根本就没打算去挣钱。而是找了个小餐馆，小菜薄酒，美美地吃了一餐，花掉1 500日元。然后钻进一个废弃的汽车里，甜甜地睡了一觉。

傍晚时分，正当卖艺的"盲人"，"募捐"的小伙生意红火、心中得意时，眼前突然出现了一位佩胸卡、戴袖章、挎手枪的大胡子"管理人员"。只见这位"管理人员"扯下"盲人"的墨镜，砸毁"募捐"的箱子，没收了他们的非法所得，还叫喊着要起诉他们涉嫌欺诈。

当狼狈不堪的A和B两手空空赶回公司时，已经超过了规定的时间。而令他们更没想到的是，等待他们的居然是那位"管理人员"。原来，C用余下的500元钱，买了胸卡、袖章、玩具手枪和化妆用的胡子，假扮管理人员，将A和B辛苦挣的钱给没收了。公司老板最后的评价是：A与B只知费力地开辟市场，C则善于吃掉对手的市场。于是C被录用了。

点 评

寻找要害，击败对手，正所谓"道高一尺，魔高一丈"。C就是在对手的致命要害中为自己寻求到制胜良方，从而将对手的"不法"收入，敛入自己的"合法"囊中。

【案例6.22】
亨达和迈克是同时到一家公司工作的两个普通职员。不久，迈克受到老板的青睐，一再被提升，从领班直到部门经理。亨达却一直待在公司最底层。有一天，亨达再也忍受不下去了，向老板提出辞呈，并痛斥其用人不公。

老板什么也没说，只是安排他们去图书市场做一个调查，看眼下的女性杂志上市了多少种。

亨达很快从图书市场回来了，报告老板说目前上市的有62种。老板问他价格怎样，于是，他又去了一次，问好了价格，回来向老板报告；老板又问他是哪些杂志社出版的，有多少页码、采用什么纸张，他又去了一次。当亨达气喘吁吁地回来时，老板让他先休息一会儿。

迈克不久回来了，他不仅详细地向老板汇报了目前上市的女性杂志有多少和它们各自的刊名、出版单位、采用什么纸张、有多少页码、什么样的开本、定价多少等，而且总结了调查结果：这类杂志已趋于饱和，利润甚微，不宜再发展。此外，他还绘制了说明图表。

亨达见状，脸一下就红了，他清楚地知道了自己与迈克的差距。

点 评

每个人都应培养树立起优秀习惯、卓越意识，做任何一件事，都要比别人多想几步，进而全面准确地收集有用的信息，在竞争中取得主动权，占据优势。取得主动权，占据优势也是一种创新。

【案例6.23】

美国鲱鱼罐头市场上，红鲱鱼与粉红鲱鱼的竞争十分激烈，多年来胜负难分，但两方的广告都说自己要更胜一筹。其实，初期的赢家是粉红鲱鱼，其知名度和利润都要比对手高许多。不愿认输的红鲱鱼厂家立即开会，总经理严厉地警告推销人员："给你们90天时间，缩短这个距离，否则我让你们摔个全身粉红。"推销人员苦苦思索，终于想出一条妙计，在罐头上多设计了一条标签。3个月后，红鲱鱼销售量大大回升。开始人们以为是偶然现象，又过了3个月，销售量仍然直线上升。总经理十分高兴,召见了推销人员,询问原因。原来奥妙全在那条标签上,那上面写的是:"正宗挪威红鲢鱼,保证不会变成粉红。"

点 评

这句广告语不仅暗示自己的正宗,而"保证"一句既贬低了对方,又不使对方抓到把柄。

【案例6.24】

已故的哈伯博士原是芝加哥大学的校长。他在任期间,学校需要筹措100万美元兴建一座新建筑。他拿了一份芝加哥百万富翁的名单,研究可以向什么人募集这笔款项。他选中了两个彼此仇恨很深的百万富翁,其中一位是芝加哥市区电车公司的总裁。

哈伯博士选了一天的中午时分——因为这时候,办公室的人员,尤其是这位总裁的秘书,可能都已外出用餐了——悠闲地径直走入电车公司总裁的办公室。

总裁看到对方大吃一惊,哈伯博士做了简单的自我介绍后,说:"我知道你领导的市区电车公司建立了一套很好的电车系统,赚了很多钱。但是,我也知道你内心一直有一个遗憾,总有一天你要进入那个不可知的世界。在你走后,很少有人还会记起你。我常想为你提供一个让你的姓名永垂不朽的机会,那就是允许你在芝加哥大学兴建一所新的大楼,以你的名字命名。我本来早就想给你这个机会,但学校董事会的一名董事先生却希望把这份荣誉留给X先生(即电车公司老板的敌人)。不过,我个人在私底下一向欣赏你,而且到现在我支持的还是你。如果你能允许我这样做,我将去说服校董事会的反对人士,让他们也来支持你。今天我只是刚好经过这儿,顺便和你见面谈谈。如果你希望再与我谈这件事,就请有空儿时拨打电话给我。"说完他就告别退出,不给这位总裁任何表示意见的机会。

他刚回到大学的办公室,就接到了电车公司总裁打来的电话。第二天早上,两人在哈伯博士的办公室见了面,一个小时后,一张100万美元的支票已经交到哈伯博士的手上了。

点 评

洞悉成功人士渴求永垂青史的心理,并巧妙地暗示对手的存在,让对方想到竞争的压力,可谓精彩。

创新思维是开放思维

开放型思维是相对于封闭型思维而言的。所谓封闭,指人为地设置许多障碍,把思维限定在一个特定的圈圈里。所谓开放,即不受那么多限制,没有思维的隔离墙,而是以最新的观念、最务实的作风、最灵活的方法,在最大的时空范围内整合资源创新创造(思维无限制并非行为无限制,思维活动完成后,行为必须再根据限制性因素进行规范)。具有开放型思维的人对待任何事情,面对任何问题所持的态度是:没有不对的,没有不敢的,没有不能的。

没有不对的。"错"是因为没有正确的新发现。一位记者曾问爱迪生:"你目前的发明已失败了一千多次,你对此有何感想?"爱迪生回答道:"我并没有失败一千多次,只是发现了一千多种行不通的方法。"很多事情前后都可以延伸,左右都可以拓展,可以从很多角度去理解,去思考。

没有不敢的。第一个吃蟹之人是创新,第一个发现新大陆的人是创新,敢于越雷池一步是创新,走别人不敢走的、想别人不敢想的也是创新。要有敢上九天揽月、敢下五洋捉鳖的非凡气概。

没有不能的。人类的历史就是一个不断探索创新的过程。人类的社会实践活动一再证明在一定时间条件下所有想到的都有可能实现。这里一个是时间的问题,一个是方法的问题,特别是方法问题,也就是说是否有创新的方法。

【案例 6.25】

美国的一个农业科研小组,在一段时间致力于研究促进植物生长的细菌群。由于实验中的差错,培养出来的细菌群,不仅不能促进农作物生长,反而会对农作物的生长起到一种抑制和阻碍作用。对此小组里的科研人员没有简单地置之不理,而是敏锐地从中意识到它所具有的作用和价值。于是他们掉转方向,"将错就错",研究起具有选择性的高效除草剂来。经过一段时间的反复研究,他们取得了成果,为现代农业化学除草技术奠定了基础。

点 评

"错"也可能是一种新发现。往前走"对",往后退也"对"。此路不通走他路,总能在某一方面有所收获。此案在"错"上引发创意,令人拍案。

【案例 6.26】

一家信封公司的老板哈维·麦凯有一次去拜访一个客户。那个客户一看见他就说绝对不可能和他进行合作，因为他们公司的老板和另一信封公司老板是25年的深交，另有43家信封公司的老板在过去3年一直与他保持密切的联系。

麦凯先生没有被吓退。他发现这家公司采购经理的儿子很喜欢打冰上曲棒球，就进一步打听到他儿子的崇拜偶像是洛杉矶一个退休的全世界最伟大的球星。正在这时，这个经理的儿子意外地出车祸住进了医院。

麦凯觉得机会来了。他去买了一根曲棒球杆，想办法找球星签了名，送给了正在住院的采购经理的儿子。小孩见到球杆很兴奋，就像换了个人似的，脚也不觉得疼了，还要下床走动。

采购经理来医院看望儿子，发现儿子整个人都变了。结果可想而知，这个采购经理和麦凯签下了400万美金的订单。

点 评

另辟蹊径，迂回创新。在最关键处突破，达通幽之效果。

【案例6.27】

1987年，天津自行车厂闻知美国总统老布什和夫人即将访华。经调查了解，老布什在1974—1975年担任美国驻中国联络处主任时，和夫人巴巴拉经常骑着自行车穿行于北京的大街小巷。从他俩在金水桥拍摄的照片看，布什骑的是凤凰男车，而布什夫人骑的那辆女车就是天津自行车厂生产的飞鸽牌自行车。于是该厂大胆地向有关部门建议，策划一个向布什总统和夫人赠送飞鸽自行车的活动。为此，职工们抓紧时间，特意加工装配了一辆男车和一辆女车。这是他们最新研制出来的车型，造型美、重量轻、骑行方便。

1989年2月25日下午，布什总统和夫人抵达北京后，在钓鱼台国宾馆18号楼大厅里，李鹏总理和夫人把两辆色彩明快的轻便自行车作为国礼赠送给布什总统和夫人。布什夫妇非常高兴，仔细看着车子，连声说："好极了，好极了。"布什总统还兴致勃勃地跨上自行车，在众多记者面前做出试骑的姿势。在场的中外记者迅速对此进行了广泛报道。世界各大通讯社和一些著名的报刊，用十几种文字，以《美国总统布什和夫人喜得飞鸽车》《飞鸽——和平的使者》《飞鸽——架起友谊的桥梁》《布什总统将在白宫骑上飞鸽》等标题进行报道。新华社也向国内外发布了消息和通讯，使飞鸽自行车名扬世界。

点　评

打破传统思维定式，搭建联系联想之桥梁。此案例在"送"与"得"上展开思维活动，以求"得"大于"送"的效应。

【案例6.28】

19世纪50年代，美国一家企业试制出了一种新产品，但却无法使产品在公众中拥有知名度。当时，适逢美国试验人造地球卫星。在人造卫星即将大功告成之际，这家企业老板一本正经地给五角大楼写了一封信，请求为他的产品在这颗人造卫星上做一个广告，并询问广告费用多少及如何支付。

五角大楼收到此信后，军方人士都感到好笑：卫星升空以后，踪影全无。要在人造卫星上做广告，岂不是拿钱往水里扔？便断然拒绝了他的要求。这件事也被当作一桩笑料传开。

后来，有位记者将此事写成一篇报道予以刊发。于是，这件事便和世人瞩目的人造卫星联系在了一起，成为全美乃至全球人人皆知的一条花边新闻。

自己没花一分钱，却让世界各地的报纸为他们做了义务广告。企业的知名度提高了，产品的销售量也随之猛增。

> **点 评**
>
> 想别人不敢想,做别人不曾做。醉翁之意不在酒,荒诞滑稽留美名。

【案例 6.29】

20 世纪初,美国犹他州弗纳尔镇想要修建一座砖砌的银行。建筑用地、设计图纸等一切准备就绪,就只差砖还没着落。派去购砖的人反馈的情况是:从盐湖城用火车运砖,每磅砖要付 2.5 美元的运费。这个昂贵的价格,将使砖砌的银行成为泡影。这时,小镇里的一位商人想出一个近乎愚蠢的主意——邮寄砖!

因为邮寄包裹每磅 1.05 美元,每个包裹 7 块砖,刚好不超重。这样,运输价格便宜了一半多,而且邮寄过来的砖和用火车货运过来的砖是同一班列车运送!

弗纳尔镇用邮寄过来的砖建起了他们的第一家银行。

> **点 评**
>
> 途径变换创新。初听以为愚蠢,实乃绝佳创意。俗话说"殊途同归",此例却是同一班列车、同样的运送重量和里程,造就了"同途殊归"的效果。

【案例 6.30】

暑假快到了,16 岁的佛瑞迪想要找份工作。虽然知道工作不好找,但他还是谢绝了父亲的好意,决定完全靠自己的力量去找。

佛瑞迪在"事求人"广告栏上仔细寻找,找到了一个很适合他专长的工作。广告要求找工作的人第二天早上 8 点到达一个指定地点。佛瑞迪在 7 点 45 分就赶到那儿,可是已有 20 个男孩在那排队,他只是队伍中的第 21 名。

他没有知难而退，而是拿出一张纸，在上面写了一些东西，然后折得整整齐齐，走向秘书小姐，恭敬地对她说："请您马上把这张纸条转交给老板，这非常重要。"

秘书小姐看了纸条，不禁微笑起来。她立刻走进老板的办公室，把纸条放在老板的桌上。老板看了也大声笑了起来，因为纸条上写着："先生，我排在队伍中第 21 位，在您没有看到我之前，请不要做决定。"

最后，佛瑞迪得到了他想要的工作。

点　评

在常规性思维难以奏效时，通过改被动等待为主动出击，从而吸引注意，以达目的。

【案例 6.31】

在一次招聘考试中，负责面试的主考官要求一位应聘者将其面前的一个烟灰缸分别用 10 元、100 元、1 000 元的价格卖出去。这位求职者不假思索地回答说，这只烟灰缸的时价是 20 元，仅凭价廉物美就能轻松地以 10 元的价格把它卖出去。如要卖 100 元，则可以说它是进口的名牌产品，精工细作，是高档宾馆和品位家庭的必然选择，通过烟灰缸能体现主人的品位与地位，当然也就不难卖出。至于 1 000 元，可以说它是毛泽东当年接待××时用过的烟灰缸，价值当然就更高了，因此也更好卖。

点　评

本例除烟灰缸的使用价值之外，沿着不同的方向和路径去开发其文化价值，就会得到相应的附加值。同一样物品，从不同的角度挖掘其不同的内涵，自会获得不同的价值体现。

【案例 6.32】

1997年，在四川省科技人才市场服务中心，醒目地挂着一块牌子，上面写着："时薪100元、日薪1 000元、月薪10 000元，谁来聘我"。原来是来自北京某大学科技开发集团的一名总经济师在这里"明码标价"推销自己。采取这种罕见方式的自荐者名叫王奇，大学学历，曾先后任两个大型民营企业的总经济师。王奇告诉记者，他从事企业策划、经济管理多年，擅长企业营销、宣传、创意等。这次，他在人才市场亮出底价，自我招标，引起了众多企业的兴趣。会后，有20多家企业与王奇接触，邀请他到企业去考察。由于邀请他考察的企业太多，王奇只好让对方按先后顺序排队，现在他已经安排了16天的考察行程。而这个结果是王奇在"出卖"自己之前没有预料到的。

自卖前景——解决"不接受"，卖进策划界。为企业做策划，实际就是向企业出卖头脑，出卖智慧。一个"卖"字让王奇豁然开朗——把自己卖进了策划界，而且"卖"得出奇，"卖"出了轰动效应，这正是他为解决"不接受"的难题所做的创意。

卖给谁——卖给媒体。在日常观察中，王奇发现，许多人才的成功都是靠他们的智慧，靠他们的"知本"，所以企业老板们愿意买账。很多企业的成功都是首先把企业卖给新闻界，通过媒体传播，再"卖"给他们的消费对象。从这里王奇受到启发，决定把自己先卖给媒体，通过媒体再卖给自己的"消费者"——老板。

卖什么——卖新闻。把自己卖给媒体，具体卖什么？这要根据新闻媒体的要求去创意自己的卖点。新闻媒体最需要的是新闻，如果能创造新闻，媒体就会拿着版面向你"购买"。越是重大新闻、爆炸性新闻，媒体就越是抢着用最重要的版面向你"购买"。为了制造有价值的新闻卖给媒体，王奇专程考察了四川省人才市场、成都人才市场、四川省科技人才开发服务中心等，发现几乎都是"企业招聘人才、应聘者向企业求职"一个模式。一旦应聘者被企业录用，该人才就归企业私有了，而且应聘者的报酬都是由企业决定，所有参加面试的人几乎都是被动地接受企业的挑选。在口口声声大喊双向选择的人才市场，招聘和应聘双方其实根本就没有什么平等可言。

王奇决定突破这一"不平等"，便有了上文的"出卖"自己去创造爆炸性新闻。其创意有四：

1. 挂牌突破——自己挂牌招聘企业；
2. 定价突破——自我报价，量身取酬；
3. 求职突破——企业向"诸葛亮"求智；
4. 专有突破——一个"诸葛亮"可为多家企业服务。

点 评

突破企业招聘人才的传统思维定式，打破招聘企业与应聘人才的"不平等"待遇，把若干个创意整理成一个人才招标的标书卖给媒体，创人才招聘企业的先例。当然，这里还有一个敢做第一个吃蟹人的胆识。

【案例6.33】

一艘远洋海轮不幸触礁沉没。几位遇难的船员拼死登上附近一座孤岛。但岛上只有石头，四周只有海水，找不到任何可以充饥的食物。虽然嗓子渴得直冒烟，但他们知道，海水又苦又涩又咸，根本不能用来解渴。他们只好等着过往船只经过时发现他们，或者天上下雨。

等啊等，却什么也没等到。船员们终因支撑不住纷纷渴死在孤岛上。

当最后一位船员将死之时，心想：与其这样干渴而死，不如喝点海水解渴。于是捧着海水喝了个够。喝完后，静静地躺在岛上等死。谁知一觉醒来，他发现自己竟然还活着。难道海水也能喝？他便每天喝海水度日，终于等来了救援的船只。

人们化验这儿的海水后发现，由于有地下泉水不断地翻涌，靠近岛边的海水实际上都是可口的泉水。

点 评

海水是咸的，不能喝，这是人们的固有经验。然而大千世界，什么都会有例外，一切看似不可能之事皆有发生的可能。所以不能囿于固有经验，而要大胆尝试，推陈出新。

【案例 6.34】

19 世纪 60 年代末，罗伯特·舒乐博士立志在加州建造一座水晶大教堂。他要在无任何资金的情况下，靠教堂本身具有的足够魅力来吸引捐款。

教堂最初的预算为 700 万美元。

当天夜里，舒乐博士拿出一页白纸，在最上面写上"700 万美元"，又在下面写下 10 行字：

1. 寻找 1 笔 700 万美元的捐款；
2. 寻找 7 笔 100 万美元的捐款；
3. 寻找 14 笔 50 万美元的捐款；
4. 寻找 28 笔 25 万美元的捐款；
5. 寻找 70 笔 10 万美元的捐款；
6. 寻找 100 笔 7 万美元的捐款；
7. 寻找 140 笔 5 万美元的捐款；
8. 寻找 280 笔 2.5 万美元的捐款；
9. 寻找 700 笔 1 万美元的捐款；
10. 卖掉 1 万扇窗，每扇 700 美元。

60 天后，舒乐博士用水晶大教堂奇特而美妙的模型打动当地一位富商，富商捐出了第一笔款 100 万美元。

第 65 天，一对倾听了舒乐博士演讲的农民夫妇，捐出了 1 000 美元。

第 90 天时，一位陌生人被舒乐博士孜孜以求的精神所感动，寄给舒乐博士一张 100 万美元的银行支票。

8 个月后，一名捐款者对舒乐博士说："如果靠你的诚意与努力能筹到 600 万美元，剩下的 100 万美元就由我来支付。"

第二年，舒乐博士以每扇窗 500 美元的价格请求美国人认购水晶大教堂的窗户，要求每月付款 50 美元，10 个月付清。6 个月内，一万多扇窗全部售出。

就这样，历经舒乐博士十余年的努力，可容纳一万多人的水晶大教堂终于建成。它成为世界建筑史上的奇迹与经典，也成为世界各地前往加州的人必去瞻仰的胜景。

点 评

本例的舒乐博士就是以开放型的思维方式、灵活多样的方法，在最大的时空范围内整合资源，为确定的目标服务的。

【案例 6.35】

古时有位国君，以 1 000 两黄金求一匹千里马。但这个愿望历时 3 年都没能实现。一位大臣进言："让我去为您寻找吧。"国君就把这事委托给了他。只用了 3 个月该大臣就找到了千里马，只可惜马是死的，大臣花了 500 两黄金买下它的头骨，回来呈交国君。国君火冒三丈："我要的是活马，怎么找来死马，还花了 500 两黄金？"大臣回答说："死马尚且要用 500 两黄金去买，何况活马呢？您放心，天下人都知道大王想买马，马很快就会来了！"果然，不到 1 年，就有 3 匹千里马送上门来。

> **点　评**
>
> 天马行空任我想。死马尚且花 500 两黄金去买，何况活马？这种创新突破，就在于想常人所不想，做常人所不做。

【案例 6.36】

台湾某报记者受命采访大陆著名画家李可染。当他兴冲冲地来到李家时，方知李可染已经辞别人世。因某种原因，这一消息尚不为外界所知。

探得这一情况，这位记者心中怦然一动，马上赶往荣宝斋寄售李可染书画之店堂。一见李公绝笔书画仍原价挂在那里，大喜过望，马上电告自己亲友，倾尽全家之力，将李可染生前寄售的书画全部买下。

过了一个多月，港台和海外人士才知李公仙逝。待他们纷纷赶到北京，欲购李可染生前亲笔书画时，才知已有人捷足先登。而购得李可染书画的这位台湾记者，一念之间就发了大财。

> **点　评**
>
> 依据情势变更情况及时调整目标，体现出创新思维的开放性特点。

【案例 6.37】

一位北京大学的教授给一家企业的管理人员讲授"企业的可持续发展战略"。讲授之前，教授出了一道有趣的考题："很远的地方发现了金矿。为了得到黄金，人们蜂拥而去，可一条大江挡住了必经之路。你们会怎么办？"

教授刚说完考题，会场就热闹起来。有人说游过去，有人说绕道走。但教授却笑而不语。良久，教授才严肃认真地说："为什么非要去淘金，为什么不可以买一条船搞营运，接送那些淘金的人。这照样可以发财致富！"

全场愕然。教授接着说:"人们为了发财,即使票价再贵,也心甘情愿买票上船。因为前面就是诱人的金矿啊!"

> **点 评**
>
> 当人们都在用一种思路考虑问题时,换一种思路,并且是可行之路,就是创新。所以,认准目标不仅要坚持,而且要灵活,能够视情况转换思路,调整策略,顺势而为。

创新思维是万通思维

创新思维强调的是:世上没有走不通的路。地上不行地下,地下不行天上,上下不行左右迂回。面对所思考的问题,一定要有万事皆通的思想。有些事情之所以解释不通,是因为我们的认识有限。万通思维表现的是这样一种情境:不仅就当前一个具体问题而言,会有很多办法解决,而且在历史的长河中,很多问题、很多疑问也都会一个个被破解。具备了万通思维,我们就会迈进思维的"自由王国"。

【案例 6.38】

有一位滞销书的销售商去找总统，请总统对他的书做评价。总统并没有仔细阅读，只是随便说了两个字："很好"。这位书商灵机一动，立即登出广告：现在出售曾获得总统好评的书。于是他的书马上被一抢而空。第二次，书商又带了一本书请总统评价，这次，总统吸取上次的教训，说这本书写得很不好。书商又立即登出了广告：现在出售总统认为很差的书。结果书又销售一空。第三次，当他又带着书找到总统时，总统这回干脆什么也不说。书商又立即登出了一条广告：现在出售总统都不能做出评价的书。当然书马上又卖完了。

点 评

总统说"很好"，书好卖；总统说"很差"，书还是好卖；总统不做评价，书照样好卖。既不合常规，又不合逻辑，然则为何？抓住消费者的猎奇心理，利用总统的名人效应，将有利的一面为己所用，挖掘并满足市场猎奇的需要，创造出最大的卖点。

【案例 6.39】

纽约有一位富裕的著名律师，许多保险公司的经纪人都想向他推销保险，但均碰壁而归。

有位精明的经纪人用了整整 3 个月的时间，收集这位律师的材料，然后走进了这位律师所在的事务所。

他向这位律师递上了一份报纸，上面有一篇特写文章，标题非常醒目："杰出的律师为他的头脑投保百万美元"。

这篇特写描述了这位律师如何白手起家，由社会最底层攀升到了上层社会的经历。他先是借着出任一家公司的特约律师，展露了非凡的才华，然后一路升到现在的位置，如今拥有纽约市内一群上流的客户。文章写得很真实动人。

律师非常仔细地阅读了这篇特写。经纪人说："我已经安排好了，只要你能证明已经通过了必要的体检，就会有100家以上的报纸，同时刊登出这篇特写。你是个聪明人，知道这篇特写将会为你带来多少位新客户，而这些新客户在将来为你带来的收入，即使除去你的保险费也相当可观。"

于是律师又把特写文章读了一遍，并稍微做了一些更正，然后递还给经纪人说："给我一张空白的保险单。"仅仅几分钟，这笔繁杂的交易就完成了。

点 评

胜算他人就是胜算自己，说服对方就要先了解对方。揣摩律师想要出名、以争取更多案源和顾客的心理，投其所好，达到自己的目的。

【案例 6.40】

德国某造纸厂的一位技师，由于一时的疏忽大意，在一次造纸的某道工序中少放进去一种原料，结果生产出一大批"废纸"。正当他等着被老板解雇时，一位朋友提醒他说："难道这样的纸就没有什么别的用途？"于是技师和他的朋友一起，对这批"废纸"反复观察琢磨，终于发现：这种纸吸水性很强，蘸在纸上的墨水很容易被它吸掉。发现这一特点后，他们把这批纸加以剪裁装订，作为专供书写后吸干墨水用的"吸水纸"出售，上市后，竟然大受欢迎。后来这位技师还为这种"吸墨水纸"的制造方法申请了专利。

点 评

对任何事物都不要轻易否定。努力寻找事物常规用途之外的新功能，正是此案高明之处。

【案例 6.41】

某公司招聘职员，给众多求职者出了一道能力测试题：给你一批梳子，你如何尽可能多地推销给和尚？

出家人剃度为僧，没有头发，要梳子何用？应聘者们或疑惑不解，或愤怒不已，或怀疑命题者神经错乱。因此大多数应聘者都非常不满地拂袖而去，只有 3 个人留了下来。

公司招考人员对这 3 个人说：这批梳子，任由自取，数量不限，各自分头去推销，销得越多越好。一周为期，期满后汇报销售成果及销售方法，公司将录取优胜者。

期限一到，3 个人都回来了。

A 卖出去 1 把。他汇报说："我在庙里向和尚们推销梳子时，遭到和尚们一番责骂。有个气盛的年轻和尚还说我讥笑他们，追赶着要打我，真是倒霉透了。幸好，下山路上遇上一位懒散的小和尚，正一边喘粗气，一边使劲地挠着厚厚的头皮。见我递上一把梳子，他自然高兴地接过去买了一把。此后又走了几处寺庙，却都处处碰壁。"

B 卖了 10 把。他不无得意地介绍起自己的推销办法。他登上一座位于高山之巅的古庙。那里香客众多，在长途跋涉之后，在山风吹拂之下，香客们的头发很散乱。他便找到住持说："香客一心礼佛，可山风一吹，头发散乱，未免于佛不敬；如果在每个香案前放把梳子，让善男信女们在拜佛前先梳理头发，不是很好吗？"住持觉得有理，于是买下了 10 把。

C 卖出去了 1 000 把。他来到一座香火很旺的名刹，那里进香朝佛者非常多。C 在佛殿之前凝思片刻，有了主意。他找到住持说："香客虔诚，慷慨施舍，祈求保佑，寺庙若向他们回赠佛家吉祥物，一可作纪念，二可暖其心，三可扩大影响，一举多得。而梳子作用于头部，乃吉祥之物，如果再将大师飘逸的书法印于其上，定会大受欢迎。"那主持闻言大喜，当场买了 1 000 把梳子，并将亲笔书写的"积善梳"

"佛光梳"等字印在上面。果然，三乡五里的施主和香客们，都希望得到一把佛家梳子，于是香火更旺了。后来，大师还请C再送一批梳子来。

> **点评**
>
> 众应聘者只知和尚没有头发，用不上梳子，便断定那里没有市场，因此知难而退。这是常规思维的逻辑推理。事实上创造性思维可以解决常规思维解决不了的问题。拂袖而去只能说明其思想贫乏、见识狭隘、缺乏创新意识。
>
> A是点式思维，僵化静止、机械刻板，只知一点、目无他物，不知联想，属于只会常规思维，不会创新思维的一类。
>
> B是线性思维。由不用梳子的和尚迁移到与之相关的、需用梳子的香客，两点连线，思路开阔了许多，应该肯定B思维灵活，颇有创新意识，具备了基本的创新技能。
>
> C是万通思维。他不仅由和尚想到香客，由点的思维进入线的思维，而且由梳子梳理头发的物质功能想到佛家吉祥物的意识功能，由平面思维进入立体思维，从而表现出超凡的创新能力。

【案例6.42】

有一个人想要郑板桥的字，但无论他出多少钱郑板桥就是不给他写。一个偶然的机会，这个人在一家饭店里看到了郑板桥吃饭后打的欠条，便灵机一动，马上替郑板桥还了钱，撤了欠条，并吩咐店家今后只要是郑板桥吃饭，尽管让他打欠条，由他负责替郑板桥还钱。就这样，这个人没费吹灰之力便得到了郑板桥的字。

> **点评**
>
> 迂回之道。把不能直接对接的事物通过中间环节予以对接，达到"通"的效果。

【案例 6.43】

一个物理学家、一个工程学家和一个画家一起来到一座宝塔下，每人手中只有一个气压表。主考人给的测试题目是：依靠气压表，得到这座宝塔的高度。只要达到目的，什么方法都可以用，但谁的创造性最强谁就为胜。三个人知识结构不同，职业也不尽相同，自然是八仙过海，各出奇招。

工程学家尤其高兴，这个考题对他来说不过是小菜一碟。他第一个行动，先测量了塔底的大气气压，又登上塔顶测量了一次大气气压，得到了塔底和塔顶气压的差值，然后根据每升高12米气压下降1毫米汞柱的公式，计算出塔的高度。他觉得，这应该是一份最准确的答卷。

物理学家不慌不忙地登上塔顶，探出身来，看着手表的秒针，轻轻松手让气压表自由落下，准确记录了气压表落到地面所需的时间，再根据自由落体公式算出塔的高度。他很得意，这个方法很独特，所得结论与塔的实际高度不会相差太远。

最后轮到画家，这可难为他了。他既没有物理学家的学识，又没有工程学家的经验。不过，他很镇定。没有科学条件是劣势，但没有思维定式则是优势，这就为他提供了更大的选择空间。画家想，没有正路就走走偏路，反正能达到目的就是胜利。他思考了各种可能的方法，禁不住笑了起来，因为办法太简单了：他把气压表作为礼物送给了看守宝塔的人，交换条件是让守塔人到储藏间把塔的设计图找出来。就这样，画家得到了设计图，只是拂去设计图上的灰尘，就得到了塔的精确高度。

点 评

解决同一个问题往往有很多种办法和路径，选择一种捷径就是创新。此案例中画家选择了一条最便捷的通道。

【案例 6.44】

　　法国有一位著名女高音歌唱家名叫玛·迪梅普莱，她有一个私人林地在当地非常有名气。每到周末都会有不少人来这里采鲜花、拾蘑菇、捉蜗牛；有的甚至还搭起帐篷、燃起篝火，在草地上野营野餐，弄得林地一片狼藉、肮脏不堪。迪梅普莱很恼火，吩咐负责管理林地的管家，叫人在林园的周围扎上篱笆，并竖起一块"私人林园禁止入内"的木牌，还派人在林园的大门看守，但都无济于事。许多人依然通过各种途径以及各种隐蔽的方式进入园内。无奈的管家只得再向主人请示。迪梅普莱想，看来这些措施还是太简单了，要想彻底打消人们进入林园的念头，还得另想高招。

　　正当她在园中苦想对策时，一条蛇进入她的视线：对！林园中不是常有毒蛇出没吗？我何不"借"蛇让人们远离我的林园呢？这次她叫管家雇人做了很多大木牌立在各个路口，上面醒目地写着："请注意！您如果在林中被毒蛇咬伤，最近的医院距此15公里，驾车约需半个小时"。此后，私闯林园的人便寥寥无几了。

点　评

　　在常规性努力不能奏效时，采取创新思维，另辟思路，就可获取解决问题的另一种方法。

【案例 6.45】

　　法国巴黎有一位漂亮女士，有人企图利用她的美色来影响一位代表的投票。为了制止这一行为，必须尽快找到这位美女。但由于地址不详，担任这一任务的上校经过24小时的努力，仍未查出她的踪迹。

　　恰在此时，戈特尔上尉来访，表示有办法马上找到这位美女。只见上尉来到街上，找到一家大花店，让老板选一些鲜花，并帮助送给那位美女。老板一听美女的名字，举笔在纸上写下她的地址，交代小伙计把花送去。上校用24小时未能找到的地址，上尉只用半个小时就解决了。

点 评

任何事物都存在于一个特定的链条之中。抓住链条上某一个大家没有关注的环节就是创新。打破"先找地址后找人"的思维定式，把美女放在一个特定的社会系统中，通过恰当的中介点找寻美女。正所谓闻香识玉，即美女知名，识之者众，送花者也定会如云，所以鲜花可"找"到美女。

【案例 6.46】

一家巴士公司规定，乘客不能携带超过2米长的行李上车。可有一位客人，竟然在没有违反公司规定的前提下，把一根2.5米长的竹竿带上了车，并且还没有把竹竿折坏。原来，他把这根竹竿斜放在一个长2米、宽1.5米的行李箱中，这样就不会违反公交公司的有关规定了。

点 评

万通思维，在没有禁止的思路上进行突破。没说不让干的都能干，没被禁止的都可以做；而不应仅限于没说让干的就不能干的思路之中。

【案例 6.47】

第二次世界大战期间的一个夜晚，一名美国士兵在停泊于某海湾的驱逐舰上巡逻时，突然看到一个乌黑的圆东西从不远处漂来，他惊骇地发现那是一枚触发水雷，正随着退潮向军舰漂来。在刺耳的警报声中，舰员们愕然地注视着那枚慢慢漂近的水雷。军官们提出了各种应对方案：立即起锚或派人去拆除引信——不行，没有足够的时间；用枪炮击毁水雷——不行，因为水雷离弹药库太近；放下小艇，用一个长杆把水雷携走——也不行，因为那是触发水雷，不能碰撞。整个舰上的人目瞪口呆，有的人已经套上了救生圈，有的人在胸前画着十字……突然，一名士兵大喊："把消防水管拿来！"大家缓过神来，十几个消防水管向舰体和水雷之间的海面喷水，形成一条向后的水流，水雷随着水流漂远后，舰炮把它炸了个粉碎。

点 评

功能变化创新。灭火消防水管本来是灭火功能，这次把它用来排雷就是创新。生活中一定不要把一种物品既定为唯一功能，要善于在不同时间和条件下发挥它的其他功效。

创新思维既是目的导向型又是结果导出型思维

目的导向型思维是围绕特定的目的展开思维活动；结果导出型思维是不确定的思维活动导出某个创新结果。特别是结果导出型思维更应引起重视，要善于捕捉思维火花，注意随机性想法的积累和深加

工。譬如做饭就有两种情况：一是先想好做什么饭再寻找可用资源，这要求有选择地使用资源，根据要做的饭把"料"用好；二是有什么东西做什么饭，这时，你必须尽可能多地了解和掌握你所拥有的或可以调动的一切资源，在此基础上变出"戏法"来，看能做出什么样的饭。

【案例 6.48】

达·芬奇的一生，就从未被任何一个领域的既有知识所羁绊。每当他想完成一个作品时，他做的唯一一个动作就是设定这个作品的目标，围绕着它去探索、去吸收整合各种知识。达·芬奇为了研究人体构造，解剖了30多具尸体，从而让他对两性人体的器官构造有了深入的理解；为了研究工程学，他设计了碉堡、自动箭弩车、旋转式的起重机、浮桥等，这些设计，让他对水流、机械装置有着远超前人的研究成果。

点 评

围绕特定的目的展开思维活动。任何一个新产品都不应被已有的知识结构所束缚，我们要做的就是提出目标，去整合、探索知识，进行思维创新。

【案例 6.49】

一个拾破烂的人，一直靠捡拾易拉罐卖钱糊口。一天突发奇想：收一个易拉罐，才赚几分钱，如果将它熔化，作为金属材料卖，是否可以多卖些钱？他把一个空罐剪碎，装进自行车的铃铛盖，熔化成一块指甲大小的银灰色金属，又花了600元在有色金属研究所做了化验。化验结果显示，这是一种很贵重的铝镁合金，每吨价格在1.4万~1.8万元。每个空易拉罐重18.5克，5.4万个就是一吨。这样算下来，卖熔化后的材料比直接卖易拉罐要多赚六七倍的钱。他决定回收易拉罐熔炼。

为了多收易拉罐，他把回收价格从每个几分钱提高到每个1毛4分钱，又将指定收购地点印在名片上，向所有拾破烂的人散发。一周后，他回收了13万个空易拉罐，足足两吨半。

他立即办了一个金属再生加工厂。一年内，加工厂用空易拉罐炼出了240多吨铝锭。3年的时间，他从一个拾破烂的一跃而成为百万富翁。而那些向他提供易拉罐的同行们，仍然以捡破烂为生。

点评

这是不确定的思维活动导出的创新成果。从捡拾易拉罐到熔炼易拉罐，一念之妙，让他走上另外一条致富之路。

【案例 6.50】

美国一家食品制造企业在发展中遭遇"瓶颈"，便委托亚利桑那大学威廉·雷兹教授为其提供具体可行的发展信息。

威廉·雷兹教授接受委托后，安排他的助手们每天从垃圾堆中挑选出若干垃圾，依其原产品的名称、重量、数量、包装形式等予以分类，并据此进行了近1年的研究分析。

威廉·雷兹教授认为，什么样的人丢什么样的垃圾。他通过对垃圾的研究，获得了当地食品消费情况的相关信息。比如，劳动者阶层喝的进口啤酒比高薪阶层多；减肥清凉饮料与压榨的橘子汁属于高薪阶层人士的消费品；中等阶层人士比其他阶层消费的食物更多，因为双职工都要上班，没有时间处理剩余的食物。

这家企业依据雷兹教授所提供的信息，制定经营决策，组织生产和营销，并获得了极大的成功。

点 评

从看似风马牛不相及的事物中,找寻联系,挖掘信息,为我所用。本案把垃圾视为"资源",由此变出"戏法"来,可谓独辟蹊径。

【案例 6.51】

一位名叫皮特的农夫,住在美国加州。生性快乐的他买下一片农场,但很快就沮丧起来。因为他买的那块地土质极差,既不能种水果,也不能养猪,能在那片土地上生长的只有白杨树和响尾蛇。后来,他想了一个好主意,办一个饲养响尾蛇的农场,然后再生产响尾蛇罐头。虽然皮特的想法令很多人感到吃惊,但他却下定了决心。

现在,皮特的生意做得非常大:不仅响尾蛇罐头好卖,而且每年去他的响尾蛇农场参观的游客差不多就有 2 万人;从响尾蛇身上取出来的蛇毒,也被卖到各大药厂去做蛇毒的血清;而让皮特从响尾蛇身上获利最高的,则是用作生产女人皮鞋和皮包的响尾蛇蛇皮。

为了纪念聪明的皮特,这个村子现在已改名为加州响尾蛇村。

点 评

善于识别资源、利用资源,将现有资源的价值最大化,化不利为有利。

【案例 6.52】

美国的广告女杰玛丽·威尔斯才华横溢,新点子层出不穷。她曾经接手布拉尼夫航空公司的广告。布拉尼夫航空公司主要飞行于美国中南部、墨西哥、南美等地,当时它的实力很强,但知名度不高。玛丽接手时,首先考虑了几个问题:

(1)每一家航空公司都购买相同的飞机,并在相同的机场起飞降落；

（2）航空公司是受政府干涉最多的行业，非但不能改航道，也不能改航速，更不能在空中表演特技飞行；

（3）搭乘飞机时，飞行时间超过3小时，乘客就觉得枯燥无聊；

（4）所有航空公司的广告都特别强调"安全"。其实越强调"安全"，就越容易引起旅客的恐惧。为什么我们的广告就不舍弃"安全"，而强调空中旅行的"乐趣"呢？

可是搭乘飞机旅行又有什么乐趣呢？总不能叫空中小姐在机舱里表演脱衣舞吧！啊，有了！

于是，一个伟大的"空中脱衣"广告创意诞生了。但玛丽并非真的要空中小姐脱光衣服，她只是为布拉尼夫的空中小姐们设计了一系列可以逐渐脱去的套装。在机场，她们穿着大衣；进了机舱，她们脱下大衣，露出洋装；用餐时，她们脱下洋装，换上可爱的便服。从起飞到降落，随着飞行时间的增加，空中小姐逐渐减少衣服。

为了配合"空中脱衣"活动，不但空中小姐的服装变换了，而且机舱内的座位也改动了，汤匙、刀叉、餐盘等用具也进行了重新设计。此外，飞机的机体也涂成了五颜六色，以便旅客容易辨识。

点　评

玛丽采用新颖奇特的视角进行广告设计，传媒竞相报道"空中脱衣"热门话题，致使大批旅客涌向布拉尼夫。事实见证了这个创意的成功。

创新思维有时呈多级次、迂回曲折状态。也就是说，为了达到设定的目的，要通过多次创新才能完成，这个多次创新的过程不一定是直线的。创新没有止境，一个循环完成了又将进入更高一级的循环。

　　创新思维还具有两面性。我们通常谈论的都是它积极的一面，同时也有消极的一面。不少不法之徒就具有很强的创新能力。有一个大学生求职，一家公司声称可以录用他，但需考察其诚信，说两天之内会有很多人给他打电话，但他不能接，必须关机两天。该生为了得到这份工作，听信了这家公司的话。其间，有一个人给他家打电话，自称是他老师，说该生病了，让家长汇款至某处。家长心急，立即汇款……两天后，该生打电话给公司，却找不着人；再与家长通话，才知上当受骗。如果利用创新思维而去做一些非法活动，那么就会给自己、给家人、给社会带来负面影响。所以对创新思维要正确加以引导，要特别注重创新之人的品德修炼。

第七章
创新思维形式

  提出一个问题往往比解决一个问题更重要，因为解决一个问题也许仅是一个科学上的实验技能而已。而提出新的问题、新的可能性，以及从新的角度看旧的问题，却需要有创造性的想象力，而且标志着科学的真正进步。

——爱因斯坦

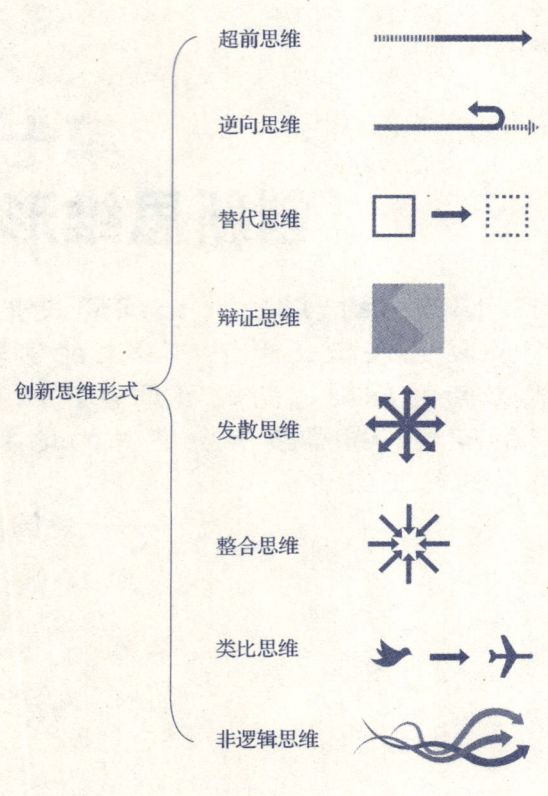

超 前 思 维

 前

　　超前思维表现为向上向前,看得比别人远。联合国刚成立时要修建联合国大厦,但缺少购置土地的资金。正当各国政要一筹莫展的时候,美国著名的洛克菲勒财团决定以巨资在纽约买一大片土地,无偿赠送给联合国。同时,将这块土地四周的土地也都买了下来。消息传

开，舆论哗然，各财团纷纷嘲笑洛克菲勒财团：如此经营，不要几年，必然沦落！洛克菲勒财团则不管他人如何议论，决心不变，坚持购买土地，并奉送给联合国。几年之后，联合国大厦建立起来，联合国事务开展得红红火火，那块土地很快变成全球的一块热土。于是，它四周的地价也不断升值，几乎是翻着番地飙升。结果，洛克菲勒财团所购土地赢得的利润相当于所赠土地价款的数十倍甚至上百倍。那些当初嘲笑洛克菲勒财团的大亨们，此时只能自嘲目力不济了。所以，思维要有预见性，即眼光投向长远。只有比别人看得远，才能比别人走得快，开发的产品或提供的服务才能满足社会日益增长和变化的需求。

　　超前思维还表现为执着、坚持之至。一个阴雨天的下午，百货公司的售货员都在忙于理货，准备下班。这时，一位老妇人走进，漫无目的地闲逛。大多数售货员都没有理会顾客，只有一位年轻的女店员主动上前打招呼，问她是否需要帮助。老太太说她只是来躲雨，不打算买东西。这位女店员虽然也着急整理货物下班，但仍热情地接待老太太。当老太太离开时，女店员还陪她走上街，为她撑开伞。老太太向她要了张名片之后就走了。后来有一天，百货公司老板向这名女店员出示了那位老太太寄来的一封信。老太太特别指定这名女店员前往苏格兰，代表公司接下装潢一所豪华宅院的工作。原来，老太太是钢铁大王卡耐基的母亲。她要把这项工作交给她信得过的女店员。创新不仅仅包括好想法，还包括做人的诚信和热情。周围的人都做不到，只有你做到了，这种执着也是创新。

　　超前思维有一种最便捷的运用，便是"拿来"思维或"借鉴"思维。人类发展和进步的规律有其普遍性，这种普遍性由于不同国家和民族发展阶段存在的差异为"拿来"思维或"借鉴"思维提供了可能。一般而言，在经济发展方面，发达国家的昨天就是发展中国家的今天，沿海发达地区的今天就是中西部地区的明天。思维活动以"拿来"或"借鉴"做参考，会有效地推出一系列的"创新创造"。

【案例 7.1】

工业 4.0 时代已经悄然到来,它的潮流来势迅猛,并且意义重大。这是继工业 1.0 机器代替人工时代、工业 2.0 流水线时代、工业 3.0 高度自动化时代后,又一个新纪元的开始。从互联网发展的角度看,是互联网从"虚"的服务业大规模进入"实"的制造业的开始,也即 CPS 体系(虚拟网和实体工业的融合体系)的实现。未来的制造业,将与服务产业一样,建立在互联网这一"共同的底盘"之上,人与人、人与机器、机器与机器之间将对话协同,工厂生产由"高度自动化"转向"智能"生产。可以说工业 4.0 之后,整个社会都将变得智能——工厂变成智能工厂,家居变成智能家居。智能物流、智能电网、智能穿戴、智能城市、智能汽车、智能医疗将成为我们生活的重要组成部分。

点 评

从第一次工业革命开始,每一次科技的大发展,都带动了一个时代的经济发展。工业 4.0 是当下颠覆性创新时代的巨大变革,谁能更好地预见未来,并付之行动实施,就能赢得胜利。

【案例 7.2】

有个成语叫胡服骑射。说的是战国赵武灵王即位的时候,赵国正处在国势衰落时期,周边的游牧民族小国经常进行侵扰。他们长于骑马射箭,常以骑兵进犯赵国边境。赵武灵王看到胡人在军事服饰方面的长处:穿窄袖短袄,生活起居和狩猎作战都比较方便;作战时用骑兵、弓箭,与中原的兵车、长矛相比,具有更大的灵活机动性。他对手下说:"北方游牧民族的骑兵来如飞鸟,去如绝弦,是当今之快速反应部队,带着这样的部队驰骋疆场哪有不取胜的道理。"

胸有大志使赵国强盛的武灵王,对胡人骑兵的优越性,认识真切。

他认为以骑射改装军队是强兵的道路，因此，为了富国强兵，赵武灵王在邯郸城提出"着胡服""习骑射"的主张，决心取胡人之长补中原之短。

点 评

"拿来主义"属超前思维范畴。善于发现和学习他们的长处，弥补自身的短处，才能在竞争中立于不败之地。

【案例 7.3】

一位美国商人拥有城外 30 公里处的一座小山坡。山坡既矮且平，是一块不毛之地，周围也没有多少经济要素，因而，数千亩地盘长期荒置，想卖也卖不出手。

一天，商人灵机一动，跑到当地政府，表示愿意无偿献出大半个小山坡，供政府建大学。政府如获至宝，立即拨款施工。不久，一所规模很大的大学建起来了。与此同时，商人在校园之外自己保留的地盘上修建学生公寓、餐厅、商场、电影院等，形成了大学一条街。由于独家经营，没有竞争对手，生意好做，利润颇好。

点 评

前瞻谋划，欲取先予。送出部分荒地，得到的是一个可以长期获利的大市场。

【案例 7.4】

招商银行作为科技变革时代的尝鲜者，在短时间内从深圳蛇口的一家小银行跃升至国内大银行之列。这源于招商银行准确把握了科技创新的先机。招商银行决策者认为，创新首先要根据市场的需求。根据招商银行的战略，银行的竞争实际上是产品的竞争，想要比别人更有优势，更有主动权，就要创新，就要走在别人的前面，即比别人早三五年，来研究这个市场对金融的需求。这项研究要求有一个非常准确的判断，因为只有判断得对，研究出来的东西才有竞争力。对此，他们还总结了三句话送给他的团队成员，"不知未来者无以评判天下，不知世界者无以理解中国，不知宏观者无以处理微观"。在决策者的带领下，招商银行逐步成为中国银行业创新者。

点 评

敢于领潮，敢于突破，做到领潮和突破就是创新。

【案例 7.5】

"送君一盏灯，请君来买油。"这是近代中国的一个成功经营谋略。1927年，四川宝元通百货公司在川南设立油行，经销煤油。那时的中国不产煤油，煤油都是进口，被称为"洋油"。由于百姓贫穷，也不知煤油为何物，销路欠佳。为开拓市场，油行请人设计生产一种既简易又省油的灯，免费送每家一盏，且附赠一盏灯油，让百姓试用。老百姓十分高兴，回家用起来也很方便。不久之后，家家都离不开煤油灯了。

点 评

前瞻谋划，引导消费。很多人或多或少都有占小便宜心理，白送的过程就是攻心的过程；等你对产品使用习惯后，也就离不开了。

【案例 7.6】

1980年，香港H公司准备和中国大江拖拉机厂做一笔大买卖，但因对这一计划的可行性把握不大，所以不敢贸然签约，便慕名向欧洲著名的德林公司提出咨询。德林公司欣然收下了40万美元的咨询费，不出6个小时便通知H公司计划可行。

H公司几经考虑之后，听从了德林公司的意见，和大江厂签订了3年的合同。如果单从合同来看，H公司承担着很大风险。因为它已经从德林公司所提供的大量分析资料中得知，按大江厂目前的技术水平、管理水平和工人的素质，在引进设备后的3年内根本就无法生产出合同要求的供货数量。但也正因如此，H公司便可以从违反合同的罚款中大赚一笔。不出德林公司所料，第二年，大江厂因未能如数供货而被罚款160万美元；第三年，眼看首季已过，大江厂仅生产出1 000台拖拉机。照此推算，即使按最乐观的估计，大江厂到年底也要被罚款480万美元。迫于压力，大江厂不得不向H公司提出修改合同的要求。H公司的全权代表马德林趁火打劫，对大江厂的要求提出一个极为苛刻的条件：如果要修改合同，大江厂必须赔偿H公司经济损失250万美元。迫于无奈，大江厂在480万美元和250万美元之间几经权衡之后，不得不同意赔偿损失，修改合同。大江厂经此挫折之后，在第四年认真总结教训，改善经营管理，不仅能如数供货，而且还可以增加供货量。大江厂此时雄心勃勃，希望继续延长合同期限，力图从中挽回过去的损失；然而，H公司却委婉地拒绝了大江厂的要求。

点　评

　　经过分析预测，看到事情的发展趋势，善于寻找突破点，针对对方不可能因素达到自己可能的目的。

【案例7.7】

　　1997年，河南曝出一条新闻：同样的玉米，有人每斤只卖0.6元，有人却每个玉米卖了3.5元，价格相差近10倍。这是为什么？

　　联发公司在市场调查中发现，如今人们生活水平提高了，对食物反倒有返璞归真的要求。春节期间，酒肉丰足之余，城市人民希望有精细的粗粮换换口味。于是，公司购入大批真空保鲜袋，将 800 多万个鲜玉米冷藏起来，留待春节上市。

果不其然，保鲜玉米在春节前后上市，很快成为抢手货，库存也被各大城市定购一空，联发公司一举赚得 2 000 多万元。

点 评

物以稀为贵。追求商品的唯一性或个性，通过捕捉或制造"稀缺"，营造一种对商家有利的卖方市场。"稀缺"本身就是一种价值，本案是在捕捉"稀缺"方面的成功运用。

【案例 7.8】

有一年的 12 月 18 日，在从芝加哥开往旧金山的火车上，一位身穿圣诞礼服的女郎格外惹人注目，同车的少女甚至中年妇女都目不转睛地看着她那件礼服，有的妇女还特地走过去打听她的礼服是从哪里买到的。

同车的美国曼尔登公司的一位业务员灵机一动，觉得有一笔好生意可做了。当时离圣诞节仅有一周时间，圣诞节礼服在这段时间一定是热门货。于是他非常礼貌地请求给那位女郎拍照留念，女郎欣然应允。拍完照片后，业务员便中途下车，致电公司要求务必在 12 月 23 日前向市场推出 1 万套这种服装。

12 月 22 日下午 2 点，1 万套"圣诞节金装女郎"礼服同时出现在曼尔登公司的几个铺面，立即引起妇女们的兴趣。她们争先恐后地购买，到 12 月 25 日下午 4 点，1 万套"圣诞节金装女郎"礼服除留下 2 套作为公司保存的样品，1 套送给火车上那位女郎外，全部销售一空，公司纯赚 100 万美元。

点 评

敏锐洞察市场，"拿来"制造商机。这是运用超前思维最便捷的创新。

【案例 7.9】

20 世纪 80 年代的一天，某地的大街上，很多行人纷纷驻足，手持一片深色胶片，透过它向天上观看。这是怎么回事？原来他们是在观看百年不遇的日全食。

现代科学早就计算出了日全食的准确时间，并印在日历上。百年不遇的日全食是大多数人都想看到的，但真要去看日全食却不太方便，因为用肉眼直接观看日全食会非常刺眼。在家中可以找一个照片的底片，隔着底片就可以比较舒服地看；或者在一个水盆中倒进一些墨水，从墨水的反光中观看日全食。一般人都没有想到，在大街上行走的人该怎么把握这次机遇。有一个人想到了这一点，采取了一个很简单的办法，赚了很多钱。

他提前加工了一大批深色的胶片，裁成小方块，在全市设了几十个销售点进行销售。一片深色胶片的加工费不过几分钱，但他每片卖五毛钱，仍立即被抢购一空。对于想观看日全食的人来说，花五角钱获得一次百年不遇的机会，绝对是值得的。而对于这位卖胶片的人来说，则可以获得高额的利润。

点 评

机遇无处不在，关键是能否准确识别机遇，敏锐捕捉机遇和迅速抢占机遇。

【案例 7.10】

1992 年广州一位企业家做出了一个石破天惊的决定：投资数千万

元购买广州花县的1 200亩土地。这遭到公司内部许多人的反对。有人说:"你是不是头脑发热啦?你知不知道花县地处广州城北,冷冷清清,无人问津,那个地方人称'鬼见愁',谁会在那投资搞建设?况且,目前国家收紧银根,你就不怕被套牢?"但这位企业家心里有数,他相信自己的决策是正确的。

他的依据是,随着改革开放的不断深入,广州市区的发展空间将逐步趋于饱和,因而扩展广州市区势在必行。扩展的目标也必定是当时被人们视为冷门的广州城北的花县。

1994年,经国务院批准,花县撤县建市,改名为花都市。同时国家决定在花都市建设新的国际机场,建立京广客运大站,建设花都港,修建南方最大的贸易商场……于是花都市的地价疯狂地涨起来。

点 评

创新思维要求,不仅对眼前事务敏感,而且还要善于识别和挖掘未来之需,具备判断事物发展走势的能力。此案正是通过对未来之需的识别,做出独到的判断,获得了丰厚的回报。

【案例7.11】

1929年,在世界范围内发生了一场经济危机,海上运输业也没能逃脱此劫。加拿大国有运输公司拍卖其产业,其中在10年前价值200多万美元的六艘货船,当时仅以每艘2万元的价格拍卖。希腊船王奥纳西斯本来已经决定要把资金投入到矿业开发上,因为他和他的同事都认为工业革命后对矿原料的需求将会剧增。但这条拍卖船舶的消息却让奥纳西斯改变了主意。奥纳西斯像鹰发现猎物一样,立即赶往加拿大谈这笔生意。他的这一举动令同行们瞠目结舌,连说不可思议。

但奥纳西斯自有他的道理。这是因为虽然眼下海上运输空前萧条,但经济复苏后，运送各种物资原料将对海上运输产生旺盛的需求。事物总是要发展变化的。这正是投资中千载难逢的机遇。奥纳西斯看到了这一点，足见其超人的智慧。

形势的发展也验证了这一点。果然不出所料，经济危机过后，海上运输业的回升和振兴高居各行业之首。奥纳西斯从加拿大买回的那些船只，身价在一夜之间成百倍地剧增，使他一举成为海上霸主。

点　评

超前思维是远见，是预见，更是洞察力的体现。远见和预见并非一成不变，也要根据情势的变化及时修改。

【案例 7.12】

19 世纪 80 年代中期，摄像机刚刚在我国市场登陆，李先生觉得有利可图，立即买下一台，开了一家摄像馆。谁知，生意清淡，仅够维持而已。

大感不解的李先生请教于人。答案是，放映机价格昂贵，一时难以普及，故而市场难如人意；不过，若干年后，生活水平提高了，情况就会大有改观。因此，建议李先生动用一点本钱，到幼儿园去拍摄孩子们的日常学习与游戏活动，为每个幼儿编辑"童趣"专辑，待日后再售。李先生接受建议后，就天天忙于各幼儿园之间。

其结果可想而知。当这些幼儿都长大之后，李先生为他们留下的、永不再来的"童趣"一下子火了，李先生的生意也火爆起来。与此同时，放映机得到普及，或本人，或家长，都争相购买。

点　评

一般情况是当年播种，当年收获。当年播种，若干年之后收获，不是常人所能理解的。此案正是在常人不能理解之处做到创新突破。

【案例 7.13】

第二次世界大战使美国一些企业陷入困境,许多商家都生意萧条。一家缝纫机厂产品滞销,日子很不好过。缝纫机厂的老板和他儿子,对企业如何发展持不同意见,有了分歧。父亲主张改行,儿子认为战乱之中,一切难料,不易找到好项目。但父亲态度坚决:转产残疾人用的小轮椅。儿子虽然不理解,但还是服从了。战火越烧越烈,一批批残疾军人退伍了,小轮椅成为许多残疾军人的必需品。不仅如此,一些被枪弹伤害的平民百姓,也成了靠小轮椅代步的消费者。产销两旺的势头,使这家企业不仅没有关闭反而扩大了规模。眼看战争就要结束,儿子还在张罗着扩大生产,父亲又告诫说:"适可而止吧。"儿子不解。父亲说:"战火即将熄灭,哪还有那么多人买轮椅呢?得考虑下一步了。"这次儿子想到了老行当缝纫机。父亲说:"人们厌倦了战争,希望战后过上幸福生活。幸福生活最需要的是什么?当然是健康的身体,我们就转产健身器材吧。"儿子醒悟了。父子俩当然又获得了成功。

点　评

遵循事物发展规律,预测未来之需,对未来之需的准确把握正是本案的创新所在。

逆向思维

向下向后,出其不意。这是一种与习惯思维或传统思维方向相反的思维,常常表现为逆方向、逆习惯、逆潮流;常常会提出为什么不是这样、为什么不能这样。因此,"逆向"思维也可视为"反传统""反习惯"或"非传统""非习惯"的思维。人们在思考时常常与熟悉的东西相联系，不知不觉地按照传统和习惯去思考问题，分析问题。我们姑且将这种思考方式称之为传统思维或习惯思维。传统思维或习惯思维往往也能得出正确的结论，但要创新则几乎很难。传统思维或习惯思维还可能蕴含某些不合理、不科学的因素，长此以往，甚至可能出现某种"危险"，因此需要大力提倡"逆向"思维。"天下乌鸦一般黑""黄鼠狼给鸡拜年，没安好心"，这些传统说法已被某些事实所推翻。天下乌鸦不全是黑的，黄鼠狼和鸡也能够和平相处。在转折时期，在剧变时期，传统思维或习惯思维更容易导致认识错误，甚至碰壁，此时尤其需要逆向思维。常人的常态思维，90%以上属于习惯思维，这为逆向思维提供了巨大的利益空间。

吸尘器的发明就是逆向思维的典范运用。为了有效地清除令人讨厌的灰尘，人们首先想到用"吹"的方法把灰尘"吹"跑。但这种吹尘方法却"吹"得灰尘到处飞扬，使人睁不开眼，喘不过气。技师郝伯·布斯看到吹尘方法不行，就想改用吸尘方法。他用手帕蒙住口鼻，趴在地上用嘴猛烈吸气，结果地上的灰尘都被吸到手帕上来了，证明吸尘法比吹尘法要高明得多。于是，利用真空负压原理制成了电动吸尘器。

逆向思维是一种重要的创新思维方法，有着广泛的适用范围和显著的创新作用。尤其当你思考的是比较复杂的问题，而沿着正常的思维方向又使你的思考陷入了困境时，不妨运用逆向思维把思维方向倒转过来，也许会使你茅塞顿开，豁然开朗，从而取得某种意想不到的收获。

【案例 7.14】

一位犹太人来到银行贷款部。

"请问先生需要什么帮助？"贷款部经理问。

"我想借点钱。"

"没问题，你要借多少？"

"1美元。"

"1美元？"经理有点意外。

"是的，只需1美元，可以吗？"

"当然，只要有担保，多借也没问题。"

"好吧，这些可以吗？"犹太人拿过皮包，取出一堆股票、债券，"共50万美元，够了吧？"

"当然，当然，您只借1美元吗？"

"是。"

"好的，先生。您的年息为6%，1年后归还，我们就可以将这些股票、债券还给您了。"犹太人接过1美元。

1年后，犹太人还了债，取回股票、债券。当经理问及为何只借1美元时，犹太人笑答："保险箱租金太高。变通一下，存这些股票、债券我只花6美分。"

银行的金库设有保险箱，为客户保存贵重物品。当然，想存物品，就得交纳管理费。这是行业的游戏规则，人们已习以为常。然而，这位聪明的犹太人打破了这一习惯性思维定式，以他出色的创造性思维，既保存了贵重物品又不用付高昂的保管费，还给银行家们上了一课。

点 评

押不嫌其多，贷不嫌其少，这一切都成为"习惯"，并逐渐成为定式。然而，犹太人却能突破这种定势，破"为贷而押"的"习惯"，反行"为押而贷"的创新之举。

【案例 7.15】

美国一个画商看中了印度人带来的三幅画。印度人要价 250 美元，画商嫌贵不同意，因为当时一般画的价格都在 100 美元到 150 美元之间。印度人不再讨价还价，径直烧了其中一幅画。画商一见颇感痛惜，问印度人剩下的两幅画卖多少钱？印度人要 400 美元，画商再次拒绝。印度人又烧掉了其中的一幅。画商只好乞求道："可千万别烧这最后一幅！"又问印度人愿卖多少，印度人要 900 美元，最后竟成交了。

点 评

对于珍贵物品，一般人都是只嫌其少，不嫌其多。印度人逆向为之，烧画制造稀缺，促使画商下定决心高价购画。

【案例 7.16】

著名相声演员马季在一次春节联欢晚会上，曾表演过一个做假广告推销宇宙牌香烟的相声。当时市场上并没有什么宇宙牌香烟，纯属艺术虚构，但独具慧眼的穆棱雪茄烟厂却由此产生创意：此节目收视者众多，影响极大，如果真的生产这种牌号的香烟，定能激发人们的好奇心，香烟一定会有好销路。于是决定生产宇宙牌香烟。结果，宇宙牌香烟样品一问世，就引起了人们极大兴趣，订购者如潮，企业声誉日高。

点 评

巧妙利用电视节目的知名度和影响力，进行产品营销，"真"的可以做文章，"假"的同样可以做文章，这就是逆向思维神奇之处。

【案例 7.17】

前些年几乎所有食品厂生产的生日蛋糕，都基本是一个样子，都是在蛋糕上用奶油镶上"生日快乐"的字样。有一个厂家老板从牙膏上获得灵感，独辟蹊径，把奶油装进像牙膏一样的软管里，然后让顾客根据自己的意愿在蛋糕上"挤"写祝福的话语。这种独树一帜的做法很快就得到了人们的青睐。

点 评

传统做法是谁卖谁做；本案做法是谁买谁做。让消费者参与进来，实现买卖双方的互动效应。

【案例 7.18】

有一次，著名心理学家汤姆逊旅行归来，天色已晚，丛林旁的小街静悄悄，连个人影也没有。他下意识摸了摸大衣内的 2 000 美元，心里不免有些担忧。汤姆逊警惕地疾走着，忽然发现身后几米远的地方有个戴鸭舌帽的彪形大汉一直跟着他。他慢走、快走都甩不掉这个"尾巴"。怎么办？此时汤姆逊的思维细胞格外活跃。

汤姆逊是个心理学家。他急中生智，冷不防向后转身，径直朝那大汉走过去，用凄惨的声音说："先生，行行好吧，给我几毛钱，我饿得快发昏了。"那大汉打量一眼汤姆逊的旧大衣，见他一身寒酸相，嘟囔着说："倒霉，我还以为你口袋里有几百美元呢！"同时从口袋里摸出一点零钱，抛给汤姆逊，转身走了。

点 评

由躲而迎。一般情形是快速躲开彪形大汉，而汤姆逊却反而迎之，正是这种逆向思维躲过了被抢劫。

【案例 7.19】

为了修建动物园，决策者专门举行了一个专家会议，讨论怎样才能捉住老虎。会上有位拓扑学家的构思非常奇妙，他说："不必谈了，老虎已经捉到了！我用了一个拓扑变换：把笼子的内部变成外部，而把外部变成内部，哪里有老虎，哪里就是我的笼子！"

乍听起来，他的发言非常荒谬，但事后决策人却从中受到了启发，建立了天然动物园。在这种动物园中，老虎和其他野兽在自然环境下生活，而参观者却被关进活动的笼子——在密封的汽车里游览。正所谓："把笼子的内部变成了外部"。目前在世界上，这样的天然动物园已不止一个，而且非常受游客的欢迎。

点　评

反向思考，变换主体与客体，创意就这样产生了。

【案例 7.20】

日本有一个叫丹波村的小村子，因土地贫瘠、交通闭塞而极为穷困，与日本各地的富裕情况形成明显的反差。为尽快摆脱贫困，村民们特意从东京请来了一位专家。这位专家按照人们最通常"卖得多，才可能赚得多"的思路为村民想招，思来想去却无计可施。有一天他突然来了灵感：这个村子既然穷得什么都没有，那何不就把贫穷当作商品来出售呢？

于是他建议村民出售"贫穷"，即让村民不住房子住树上；不穿衣服穿树叶和兽皮，就像几千年前原始人类那样生活。他解释说，如此返璞归真的生活方式，定会引起那些过惯了锦衣玉食生活的城市人的好奇心，就会有人来参观、旅游，村子就可以富裕起来。村民们最初都觉得这主意太荒唐，但在这位专家的一再解释、说服下，大家也只好同意试一试。这位专家又请来记者们做了一番报道大肆渲染，果然很快就引来了大批好奇的旅游者。这个村子很快就靠旅游业富裕起来。

点　评

穷与富是一对概念。在"富"方向突破不了，就在"穷"方向尝试突破。

【案例 7.21】

美国有一名专门收购劣画的收藏家诺曼·沃特。他只收购两类劣画：一是名家的"失常之作"；二是价格低于 5 美元的无名人士的画。没多久，他便收藏了 200 多幅劣画。

接着，他在报纸上刊登要举办首届劣画大展的广告，目的是让年轻人在比较中学会鉴别，从而发现好画与名画的真正价值。这一画展出乎意料的成功。沃特的广告广为流传，人们争先恐后地参观，有的学画者甚至不远千里专程从外地赶来参观这难得一见的"劣画大展"。

点　评

逆向思维开拓稀缺市场，不一般的创意带来意外收获。

【案例 7.22】

1958 年 9 月，日本东部遭到太平洋台风的袭击，造成农业及交通两方面的巨大损失，蔬菜水果的供应一时紧张起来。许多商店都按照"市场规律"将价格上调了 5～10 倍。热海市八佰伴百货商店老板和田一夫，从外地运来了蔬菜食物，如果以当地的现价出售，确实可以获得一笔可观的利润。出人意料的是，和田一夫仍以往日的市场价出售了这些食物，并公告市民：八佰伴以服务市民生活为宗旨，货物定价一如既往。

消息传出没有几小时，已是妇孺皆知，邻近乡镇的家庭主妇也闻讯赶来八佰伴采购蔬菜食物。一时间，八佰伴百货商店的做法，成为轰动热海市的热门新闻。"放着钱不赚，真是天底下最大的傻瓜！"同行们纷纷对和田一夫的做法予以讥笑。

一星期以后，风暴逝去。受灾害影响的公路及农户都恢复了正常的运转，蔬菜、水果、肉类的供应也不再紧张。热海市的各家商店也重新以平时的正常价格开始营业。

但是，一个不寻常的现象发生了。物价上涨期间到八佰伴百货商店采购商品的顾客，在台风过后仍然留在了八佰伴，成为八佰伴百货商店的长期顾客。

点 评

逆向思维，逆流而为。以德驭商，不以一时一地之利而随波逐流。世道沧桑，顾客心中自有称重的天平。砝码加于谁？人心定输赢。

【案例 7.23】

查朱原来是美国一个乡下小火车站的站员。由于车站位置偏僻，购物困难，而且价格偏高，附近的人们只好写信请外地亲友代买东西，非常麻烦。查朱想：如果能在附近开一个店铺，效益一定不错。可是，他既没有本钱，也没有可做店面的房子，怎么办呢？他决定尝试一种从来没有人用过的方式：先把商品目录单寄给客户，然后按照客户的需要，先收钱再寄去商品。他雇了两名职员，成立了"查朱通信贩卖公司"。此后人们纷纷效仿，并从美国风靡到全世界，查朱也成为"无店铺贩卖"方式的创始人。当然，作为创始人的回报就是在 5 年之后，查朱成为百万富翁。

点　评

颠倒买卖次序，先开发市场，再组织货源。逆向思维造就了与传统经销方式截然相反的"无店铺贩卖"方式。

【案例7.24】

20世纪90年代，国营商城大厦开业，但正对门的"亚细亚"却是张灯结彩外加时装表演，轰轰烈烈地唱对台戏。并且还雇人冒充顾客混进商城，用小本子偷抄商品价格，然后用对讲机向本部报告，进行降价竞争，甚至派了上百人，手持百元大钞选购小物品，给商城制造麻烦。

然而，该商城老板向从北京请来的公关顾问亮出他的这一得意之作时，公关顾问却并不认同，当即建议换一种思路。

他建议：上兵伐谋。如果在商城开业之际，像亚细亚一样张灯结彩，载歌载舞，就只有"九五大酬宾"的效果。但如果在自家的门前挂上一条"庆贺商城大厦开业"的条幅，效果也许会更好。此举好处有三：一是"大将风度"；二是"浑水摸鱼"；三是"技高一筹"，对方即使不悦，也说不清道不明。从新闻效果来讲，再大的商厦开业也不过是二三十字的"小消息"；而"庆贺"之举，则会引出无数篇"仁者见仁、智者见智"的好文章。

点　评

对待对手一般都用对立的方式去处理。本例采用逆向思维，一反传统的"你死我活""鱼死网破"的打拼思路，借对手之力，巧布双赢之局。

【案例7.25】

美国有位青年靠邮购业务发家，他在杂志上刊登了"1美元商品"广告，即专卖单价1美元的商品。所售商品有20%原价低于1美元，

60%刚好是1美元,20%高于1美元。经营的结果是亏损严重。因为原价低于1美元的商品销售得多,不但亏本还得倒贴邮费。当然,这位青年不是在做亏本生意。在业务量迅速扩大,取得顾客普遍信任时,他适当地在给顾客寄送的商品中夹带了一份"3美元以上100美元以下的商品目录"和空白汇款单。良好的信誉使顾客乐于购买他的商品,因而邮购单如雪片般飞来。3年后,年销售额达500万美元。可想而知,这位青年获得了可观的利润。

点　评

营销创新。变一般先赢理念为先亏后赢思路。

【案例 7.26】

某生活小区有几个调皮的孩子,总爱踢垃圾桶玩,破坏了环境的安宁。有人劝诫,不起效果;有人责骂,也阻止不了;有人引导,孩子们同样不理不睬。

这天,一位退休老工人来到孩子面前,笑着说:"看你们玩得真开心,我年少时也这样。要是你们每天都来踢垃圾桶,我就每天给你们每人1元钱。"孩子们更来劲了。

3天后,老人说:"我收入低,从明天起,每天只能给5角钱。"孩子们不高兴了。又过了3天,老人说只能给1角钱。这一来,孩子们气得都不干了。于是,环境又恢复了安宁。

点　评

利用孩子的叛逆心理,以错纠错,引发创意。

【案例 7.27】

"2004年10月3日上午,邯郸市复兴区西小屯西南方向某化工厂无证非法生产,最终因为盛苯罐爆炸,造成两死一伤。事故的有关责任人分别给予了撤职等处分……"

事实上，这是一起并不存在的事故，而是该区实施的一种全新的事故追究制——安全生产模拟事故责任追究制的成功运用。

安全生产模拟事故责任追究制，就是针对企业在生产、经营、储运过程中可能存在的安全隐患，通过逻辑推理的办法，预演可能发生的事故，并从事发现场逐级倒推各级部门及个人应承担的事故责任，以达到责任前移的目的。该制度通过打"预防针"的方式，使得企业和相关责任人认真排查并解决安全隐患，从而免吃"后悔药"。

点 评

常规情况是出了事故才进行追究，本案创新就在于不出事故同样可以追究。只不过从"隐患＝事故"的逻辑推理中模拟追究而已，旨在强化安全责任意识，排查隐患，防患于未然。

替 代 思 维

替代思维即围绕同样的功能、目的，去寻找可以替代它的事物，就是替代思维。商场是顾客购买物品、完成交易的地方，而互联网电商平台能够顺利、安全、便捷的帮助人们完成购买交易，因此从某种意义上讲，互联网电商平台能够替代商场功能。

【案例7.28】

某机械厂工人廖基程在工作时注意到：大部分精密零件的加工都是用手工操作，为了防止手直接接触零件造成零件生锈，工人必须整天戴着手套工作，而且手套必须套得很紧，手指才能灵活弯曲。这样的话，不但穿戴手套相当麻烦，而且手套也很容易损坏。他想：这样的手套能改进一下吗？一天，他在帮助妹妹做纸手工艺品时，手指上沾满了糨糊。糨糊干了以后，变成了一层透明的薄膜，紧紧地裹在手指上。他当时就想："真像个手套，要是厂里橡皮手套也这么方便就好了！"后来他又想起，小时候曾在雨后的泥泞路上行走，不小心滑倒了，双手沾满了泥巴，干了以后也像戴了泥手套似的。从这两件事中他受到了启发。有一天清早醒来，他躺在床上，眼睛望着天花板，突然想到可以发明一种像糨糊一样的液体，手浸在液体里面，等液体干了以后就成为手套。不需要它时，再把手浸到另外一种液体里，泡一下就可以除掉。这不比戴橡皮手套要方便得多吗？经过反复研究、试制，"液体手套"终于诞生了。使用这种手套，只需将手浸入一种化学药液中，就能在手上裹上一层透明的薄膜，像真戴上了手套一样，而且比戴任何一种手套都更柔软、更舒适、更富有弹性。不需要它时，把手放进水里泡一下，就能完全化掉。

点　评

由糨糊沾手到液体手套，由此及彼，这种情况在创新活动中很常见。这种思维方式看似简单却蕴含着巨大创意。

【案例7.29】

古时陵州有一口盐井，可以取水晒盐。井深50丈，要用很长的井绳才能把井水取出来。井底是用石头砌成的，井壁是用柏木做的。天长日久，井壁的柏木朽坏了，需要更换。但施工却有困难，因为井里不断地向上冒气，下井的人闻到这股气味就会窒息而死。

后来人们发现，下雨时，井里的气体会随着落下去的雨水沉入井底，如果这时下井去更换朽木就不会有生命危险。当时在陵州为官的杨佐就此想出了一个巧妙的办法：他叫木工做了一个大木盘，并在木盘上凿了很多孔，然后再把木盘架在井口上，不断地向木盘的孔里倒水，就像下雨一样，同样能压着井里的气体向下坠。就这样，工人就可以安全地下井更换井壁的朽木了。

点 评

置换要素。任何事物都由若干要素构成。事物所包含的要素，特别是起决定性作用的要素，它们的改变，必然会引起事物的存在和发展起到相应的变化。认识了一个事物包含的要素和这些要素在事物中所起的作用，就有可能采取措施，改变其中的某个或某些要素，使事物发生人们所希望的某种变化。所以，"置换要素"也可以成为我们对事物和问题换个角度思考的一种方法。

【案例 7.30】

仓颉负责猎物管理和分配，开始时，用绳子打结计数（包括不同颜色的结），很不方便。一次打猎时，看到山鸡跑过留下爪印，一会儿又有一只小鹿跑过留下鹿印，仔细观察爪印和鹿印，发现不一样，这难道不是区别两者的好办法吗？于是，他在地上通过划下爪印来区分不同的动物。时间久了，在地上划下来的不宜保存，但想了很久也没想出更好的办法。

一天仓颉看到一只龟，背上有格，便把符号刻在格上。可一不留神这只龟游走了。几个月后，在河的另一岸，一个人抓到一只龟，发现背上有字，原来是仓颉刻字的那只龟。仓颉就想，在龟背上刻字不是很好吗？于是出现了甲骨文，开创了中国文字的先河。

点 评

沿着解决问题的方向思考，不断用新方法替代原有方法就是进步，就会引领你实现一次次的创新。

【案例 7.31】

"e袋洗"是一款基于移动互联网的O2O洗衣服务产品，将洗衣服务标准化。需要洗衣时，仅需APP/微信下单、预约时间地点，就会有专业的上门服务人员按时上门收取衣服。经过15道专业清洗工序后，72小时内将熨烫平整的衣服送回。

它的卖点主要是：一是价格便宜，"e袋洗"在洗衣行业里首开先河，提出"装多少都只收99元"的一口价收费模式；二是收洗便捷，消费者通过手机发出洗衣需求后，可能几分钟后就有人上门收衣；三是"e袋洗"最推崇的"无店铺"模式，根据"e袋洗"负责人说法，消费者对洗衣的要求是"洗干净、洗得快"，与洗衣店并没有关系。此款产品解决了顾客到干洗店洗衣停车难、送洗衣物交接时间烦琐、店面营业时间不能满足顾客取送时间等的问题。

点 评

在快速发展的社会中，谁能更好地满足顾客需求，谁就能赢得客户。"e袋洗"围绕顾客核心需求展开服务，比传统洗衣店更快捷、更方便，因此能够替代传统洗衣店。

【案例 7.32】

一个时期以来，深圳市内主要道路旁的2.5万根路灯杆，在照明道路的同时"兼职"当起了报警坐标。

原来，深圳市公安局推出了国内首个"路灯杆报警定位标志系统"，每个路灯杆都被印上了一个7位数的标号，报警人只要报出这个数字,"110"指挥中心就可通过GPS查出案发地的精确位置,并迅速通知同样被GPS定位、在附近巡逻的民警,民警就能在最短时间内赶到现场。

以前,报警的位置问题一直让警察头疼:位置不准确导致出警延误,有时警察到达后也很难找到报警人。据统计,"110"的接警时间平均为1~2分钟,其中,3/4的时间用于向报警人询问地点。深圳的外来人口、流动人口比例大,报警人说错地点的情况十分常见。

深圳"110"一度想借鉴国外某些城市的做法,在路边建墩子或竖牌子,作为报警定位标志。但因每个墩子造价近千元,且影响城市规划,方案被否定了。后来,他们灵机一动:为什么不让遍及大街小巷的路灯杆"兼职"报警定位功能呢?这套方案迅速被采纳。目前,深圳已有2.5万根路灯杆印上了报警定位标号,每个标号的全部成本只需15元。根据群众建议,第二批路灯杆标号还将采用荧光漆喷涂,以便市民晚上报警。

点 评

一物往往蕴含着多种功能,创新者贵在能发现更多的功能。在生活中,不妨想想此物还有别的什么功能?还能"兼职"什么?

【案例7.33】

乔安娜·多尼格是英国伦敦的一名时装设计师。一次,她的女性好友要出席皇家宴会,因没有合适的晚装而焦急万分。乔安娜醒悟到,女士们大多遭遇过如此窘境。英国社交活动多,非常讲究各种社交场合的穿着,但大多数人收入不高,买不起华贵的晚装。如果付较少的钱,就能穿上名贵的晚装出席高贵的场合,将是既省钱又光彩的事。

乔安娜做了大量的市场调查,证实了自己的判断后,就大胆地开始了她的晚装租赁业务。到她那里租礼服的女士们毫不介意地告诉别人，自己穿的晚装是租来的。人们并不认为这不光彩，反而觉得既合算又明智。因为在欧美社会，女士们不管穿着多么华丽名贵的礼服，若在晚会连续穿3次，不仅别人会看不起，自己也会觉得有失体面。因此，无论多好的晚礼服，也只能风光一两次。这不但使普通收入者郁闷，也使有钱人烦心。乔安娜看准了这个消费市场，因此大发其财。

> **点评**
>
> 本案通过对消费心理的敏锐把握，瞅准市场空当，用"租"代替"买"进行思维突破，从而取得成功。

辩证思维

辩证思维：即强调一个问题的两个方面。我们往往在重视一个方面时忽视另一个方面。如果能够重视易被多数人所忽视的另一个方面，则易于出新，达到"柳暗花明"的境界。有一个日本人渡边在看报纸时注意到，世界上有很多左撇子：他们在英国占人口的1/7，在日本占1/6，在美国则占到1/4。他由此生出灵感：开一家左撇子用品专营店。因为几乎所有的厂家都是以右手习惯来设计产品，很少有人会考虑到左撇子的需求。于是，渡边在许多厂商中来回奔走，订购专供左撇子使用的汽车驾驶盘、网球、高尔夫球等用具。结果这些产品受到世界各地左撇子消费者的欢迎。不久，他的左撇子用品专营店成为东京最有实力的大商场。他抓住了易被大众忽视的一个方面，也就开拓了另一个市场。

对同一问题，如果从另一个方面去看，也会得出截然不同的结论。2004年7月北京一场局部暴雨造成部分地区交通瘫痪，不少车辆在大水中熄火，几辆运送乘客的大客车被淹没在水中的镜头令人震惊。在各方思考这场灾害造成的影响和损失时，有关部门也提供了另一类信息：这场暴雨使北京城区河湖近年来首次在自然状态下换了一遍水，一次排除污水300多万立方米。短缺的地下水也得到了及时补给。这就是一分为二看问题，辩证而不片面，周全而不走极端。

【案例7.34】

有个老太婆每天都愁眉不展，有好心人问她原因，她说，自己有两个女儿，大女儿是卖雨伞的，小女儿是卖草帽的。晴天的时候，小女儿的草帽生意好，可大女儿的雨伞却卖不出去，她便为大女儿愁；下雨天，大女儿的雨伞生意好了，但小女儿的草帽又卖不出去了，她又为小女儿发愁。所以她是晴天愁，雨天也愁。有一个人听后，劝老太婆说："你应该换一种想法。天晴的时候，你就想，今天我小女儿的草帽生意会很好；雨天的时候，你就想，今天我大女儿的雨伞会卖出去很多。这样，你晴天会替小女儿高兴，雨天会替大女儿高兴。"听到此人的这番话，从此以后，老太婆是晴天也乐，雨天也乐。

点 评

阴晴圆缺是一种自然规律，无所谓阴好，或者晴好，应在辩证思维中看到和找出积极因素。

【案例 7.35】

七喜汽水在可乐市场铩羽后不久，魏斯曼在翻阅《消费者导报》时，偶然看到这样一则消息：

"目前美国人日益关心咖啡因的摄取量问题，有 66％的成年人希望能够减少或完全消除食品中的咖啡因。"

魏斯曼心生一计，找来研究人员，整理出关于咖啡因含量的一组数据：可口可乐 34 毫克，百事可乐 37 毫克，七喜汽水 0 毫克。

从这组数据可以看出，七喜汽水不含咖啡因，是一种成分接近完美的饮料。

整理这组数据，是因为魏斯曼联想到了"不含咖啡因"这个一直被饮料界忽视的小事，其实是一个大"卖点"，这也许就能成为七喜崛起的秘密武器。

但细细推敲也会发现：不含咖啡因对攻击可乐而言，的确是秘密武器。但若统观全局，不含咖啡因的饮料不只有七喜，恐怕比含咖啡因的还要多得多。

因此这个秘密武器是否有杀伤力呢？就秘密武器而言，拥有不是目的，关键在于怎样应用。魏斯曼走出了思维定式的迷谷。

他的逻辑是：既然含咖啡因的饮料称可乐，那么不含咖啡因的饮料在拥有自身名称的同时，还应有一个统一的名字：非可乐！——这本是一个行业的代名词。

但如果哪种饮料以此定了位，那它就代表了整个"非可乐"行业。

时间就是金钱。七喜随即投入巨资，掀起了一场别开生面的"无咖啡因"宣传。

从此，七喜又有了一个全新的定位：非可乐。

由于定位准确，并加之质量保证和有效促销手段，七喜最终坐上了饮料市场中除"两乐"之外的第三把交椅。

点 评

以是否含"咖啡因"为标准,将饮料市场划分为"可乐"与"非可乐"两大市场。而后在消费者对"非可乐"尚未形成明确的概念时,率先将七喜化作"非可乐"的代表和领军品牌,使七喜"非可乐"的形象深入人心,一举锁定不愿吃食咖啡因的消费者。

【案例 7.36】

美国联合碳化钙公司建了一幢 52 层的大楼,准备用作公司的总部。公司正在考虑大楼竣工后如何举办落成典礼,以扩大公司影响,树立良好形象。

大楼刚刚完工,一群鸽子就捷足先登,飞入了大楼的一些房间,并在漂亮的大楼里安营扎寨。一时间大楼里鸽子成群,羽毛、鸽屎到处都是,一片狼藉。

大楼的管理人员将鸽子光临的情况向公司总部做了报告,并提出建议:或者打开窗户将鸽子撵走,或者实施捕杀。

公司的公关部却在这件事上做起了文章。公关部通知动物保护协会,报告了这群鸽子闯进该公司的新建大楼,并造成了一定的损失。但是为了贯彻动物保护条例,请动物保护协会人员迅速前来,协同公司共同商讨保护这群鸽子的办法。

与此同时,公司又向新闻单位通报了这一消息。"鸽子事件"使媒体兴致勃勃,电台、电视台、报刊记者纷至沓来,在公司采访和发布新闻,搞得不亦乐乎,从而引起了市民的普遍关注。因为"鸽子事件"的主角是碳化钙公司,所以公司的领导自然就成为众记者争相采访的对象,而公司的领导也乐于利用这个机会向媒体介绍公司的宗旨和发展情况,树立了公司热爱生命、爱护环境的形象,大大提高了企业的知名度。

> **点评**
>
> 辩证地看问题，化不利为有利，变被动为主动。鸽子污染大楼环境是不利因素，保护鸽子、善待动物则是有利因素；放走或捕杀鸽子是被动因素，爱护、保护生命则为主动因素。换个角度看问题，就会得到不同的结果。

【案例 7.37】

天津一家毛纺织厂生产一种呢子衣料，由于原料成分不同，布料常出现一种小白点。消费者认为是残品，购买热情不高。产品打不开销路，令企业领导伤透了脑筋。技术人员多方努力，也无力改变。后来，设计人员灵机一动，变消除白点为扩大白点，不仅让它大起来，而且让它多起来，并美其名曰"雪花呢"。产品投放市场后，掀起了一股销售旋风，企业获利颇丰。

> **点评**
>
> 有时缺点也会变成卖点。这就是创新的奇妙之处。将错就错，在无力纠错时，转而扩大"错误"，使劣势变成了优势。

【案例 7.38】

从前法国有个叫吉麦的穷画家。一天，他支起画架在院子里作画，他的妻子在一旁洗衣服。吉麦画了一会，习惯性地随手甩了甩画笔，这一下可闯祸了：画笔上的蓝色颜料溅到了妻子已经洗好的白衬衣上。他的妻子一边抱怨，一边重洗这件被弄脏的白衬衣。可不管怎么洗，衬衣上总有一点蓝色洗不掉，她只好无可奈何地把它晒起来。没想到，这件白衬衣晒干以后竟然比原来更白、更鲜亮了。吉麦为了弄清这是怎么回事，第二天又故意重试了一次。结果和前一天一样，沾了蓝颜料的白衬衣显得更白、更亮。第三天他再次重试，结果仍然相同。经过一番思考分析，吉麦认定这是人眼的错觉所致：在白色里掺入少许蓝色，人的眼睛看起来会觉得更白。

后来，吉麦把这种能使白衬衣洗得更白的淡蓝色颜料命名为"能使衣服洁白的药"，并附上一份使用说明书拿到市场上出售，竟出人意料地畅销。人们使用过吉麦的这种新产品后，纷纷赞扬他发明了效果非常好的漂白剂。这种淡蓝色颜料和水的混合液，使吉麦没过多久便成了一个大富翁。吉麦事后追述此事说："回想起来真是不可思议！这不过是利用人眼错觉的一种发明而已。"

点　评

将错就错，引发商机。要做生活的有心人，善于在无意中捕捉有价值的东西。

【案例 7.39】

来自两个国家、两个皮鞋厂的甲、乙两个推销员，一先一后来到太平洋的某一个岛上。他们各自在岛上逛了一圈，对岛上的皮鞋市场做了一番调查了解。第二天，甲、乙两个推销员各自给厂里发回了电报。甲发回的电文是："此岛无人穿鞋，皮鞋无销售市场，我于明天返回。"乙发回的电文是："此岛目前无人穿鞋，皮鞋销售前景很好，我将在此多住一段时间。"第三天，甲便离岛回厂去了；乙则留下来设计了一幅只有人物形象、没有文字说明的海报。海报上画了一个当地的壮汉，粗眉大眼，虎背熊腰，肩上扛了一大串猎物，脚上穿了一双黝黑发亮的大皮鞋，显得十分威武。岛上的人看了这幅海报，都纷纷打听海报上那个壮汉脚上穿的是什么东西？有什么好处？哪里能够买到？就这样，这位推销员很快便在这个岛上开辟了皮鞋销售市场。

点 评

换个角度看问题，无人穿鞋正说明此市场前景应被看好。

【案例 7.40】

房子烧光，不见其悲，反见其喜，你信吗？《夷坚志》记载了这样一个小故事。

宋朝年间，有一次临安失火，整条大街成了火海。灾民哭天喊地，痛不欲生。有位商人眼见商铺火势蔓延，心里却很镇定。他没做任何无谓的努力，而是带了金银逃了出来。安顿好家人后，他带上仆人准备外出谋生。旁人很不理解，但他一意孤行。他来到邻城购买了大批竹木砖瓦等建筑材料，囤积起来。灾后，百废待兴，建材热销紧俏，这位商人趁机大发其财。他赚的钱数十倍于自家店铺被烧的损失。直至此时，人们才大梦初醒。

点 评

辩证地审视现状，挖掘创新之需，形成创新之念。烧光的是房子，烧出的是市场。

【案例 7.41】

由于第二次世界大战的爆发，日货几乎处处被抵制，日商因此对愿意经销日货的外国商人给予很多优惠。第二次世界大战初期，保持中立的美国并不禁止日货的进入。美国小商人库里恰克看到经营日货有利可图，就从经营日本玩具、工艺品开始，逐步做大了生意，生活也一天天富裕起来。可当他投入全部资金进了一大批日货，准备大发一笔时，珍珠港事件爆发了。

美国人开始抵制日货，日货再也卖不出去。守着堆积如山的日货，库里恰克怅然若失，不知所措，整天待在家里不出门。一天，他想到郊外散心，等了很久没见一辆出租车，还发现许多人在挤公共汽车，其中夹杂不少衣冠楚楚的中产阶级人士。一打听，原来当局颁布了《战时物资管理条令》，不少物资被列为军需品，控制供应，汽车也是其中一种，当然出租车也就难见了。他同时注意到，街上很多广告都被以爱国为内容的标语取代了。望着这些标语，一个主意在他心里逐渐成熟了。

第二天，他的商品广告单上出现了这样的红色大字："买日货就是爱国！我们国家正在对日作战，需要充足的物资。当你用较少的钱购买廉价日货时，就是为国家省下了一批宝贵资源。省下的这些资源就可以用于生产军需品，前方将士就会多一些力量！购买日货是我们每一个人的必然选择。"

战争牵动着全国人的心，谁不愿为战争的胜利做一点微薄的贡献？库里恰克的日货半个月内销售一空。他不仅没亏本，反而大获其利。

点　评

辩证地看问题，只要你换一个恰当的角度，用一种合适的方法，成功就会在不远处向你招手。

【案例 7.42】

在美国新墨西哥州的高原地区，杨格经营着一大片苹果园。他种植的"高原苹果"味道好，无污染，在国内市场上非常畅销。可是有一年，一场冰雹袭来，把满树的苹果打了个遍体鳞伤，而杨格已经预收了 9 000 吨"要求质量上等"的苹果订单。这场突如其来的天灾给了杨格重重一击！辛苦一年的成果，就这样被毁了。但是杨格不甘心这样，他不想让自己一年的努力就这么付之东流。在一遍遍仔细察看了受伤的苹果后，杨格想出了对策。他登出了这样一个广告："本果园生产的高原苹果清香爽口，具有妙不可言的独特风味。请注意苹果上被冰雹打击的疤痕是'高原苹果'的特有标记。认清疤痕,谨防假冒!"结果,这批受伤的苹果就变成了畅销品,以致后来有的经销商还专门请他提供带疤痕的苹果。

点　评

好与坏,优点与缺点,都是相对的,相对中蕴含着创新的空间。该案弊中生利,化危机为良机,利用了事物的相对性。

【案例 7.43】

1988 年 4 月 27 日,美国阿哈罗航空公司的一架波音 737 客机从檀香山起飞后不久,突然发生爆炸,前舱盖掀开了一个直径足有 6 米的大洞。但驾驶员依靠高超的技术,经过艰难的努力,最终将飞机降落在了附近的机场。在这次事故中,除了一名空中小姐在爆炸时被气浪从舱顶抛出而殉职外,89 名旅客全部生还。这件空难事故,无论是对波音公司还是对阿哈罗航空公司,都是一个巨大的灾难和危机。面对这一突如其来的危机,该怎么办?通常在这种情况下,很多公司都是无可奈何地保持"沉默",最多是在吸取教训以及在加强检修和管理方面表示一下态度,但波音公司和阿哈罗航空公司的首脑则不然,他们不但没有回避这次危机,相反却大大利用了这次危机。

波音公司通过各种媒介做了这样的解释和宣扬:"这次事故的主要原因在于飞机太旧,已经飞行了 20 多年,起飞降落已达 9 万次,大大超过了保险系数。但即便是这样,在如此严重的事态中还能使顾客无一伤亡,这充分证明波音公司的飞机质量是十分可靠的,性能是绝对一流的。"这样一来,事故不但没有给波音飞机的销售带来影响,反而提高了波音飞机的信誉,增强了用户对飞机的信心。就在事故发生的次月,国空公司订购了 50 架波音飞机——创下了飞机制造公司的历史最好销售纪录。

阿哈罗航空公司则通过新闻媒介大肆宣传该公司飞机驾驶人员因具有高超技术和良好素质，全力保护了旅客的生命财产安全，确保了飞机安全着陆，创造了在如此巨大的空难事故中旅客无一人伤亡的奇迹。也正因如此，事故之后，阿哈罗航空公司的生意更加红火。

点 评

被动和不利都是相对的。在被动中掌握主动，从不利因素中寻找有利因素，掌握主动、找到有利因素的过程就是创新的过程。

【案例 7.44】

A 国和 B 国是两个相邻的国家，它们的关系很好，不但互相贸易交往频繁，而且连货币也可以通用。也就是说 A 国的 100 元等于 B 国的 100 元。可是，自从两国的友好关系因一次事件而破裂以后，尽管贸易往来仍然继续，但两国国王却互相宣布对方 100 元货币只能兑换本国货币 90 元。有一个聪明人，他手里只有 A 国的 100 元钞票，却借机发了一笔横财。

原来这个聪明人利用两国货币兑换的漏洞发了大财，他的具体做法是：用 A 国的 100 元钞票在 A 国买了 10 元的商品，在找钱时声称自己将要到 B 国去，要求给他 B 国的钞票，因为 A 国的 90 元等于 B 国的 100 元，所以就找给他一张 100 元的 B 国钞票。他再用这 100 元到 B 国去购买 10 元的物品，再要求找给他 A 国的 100 元钞票……如此往返，这个聪明人自然借机发了一笔横财。

点 评

从人们极易忽视的一方面入手，将两国之间兑换货币的惩罚性措施转化为对己有利的便利性措施，利用双方在利益上存在的差异性和互补性从中获利。

【案例 7.45】

　　香港富商李嘉诚创业初期，是在几间破旧的租赁厂房里生产玩具。由于资金少，不具实力，他只得考虑生产转型。一天，他从报上看到一条消息，说意大利生产的塑胶花在欧美很受欢迎，决定到意大利去学习这门技术。经过一番努力，他学成回国并开始生产塑胶花。一天，一名工友突然跑进来向李嘉诚报告说："厂里来了几个人，拿着照相机正在拍那几间破厂房，还扬言要在报纸上发表。"李嘉诚马上随工友一起去看个究竟。结果那些人见他出来更是狂拍不止。第二天当地的报纸上果然有一篇报道说长江塑胶厂厂房破旧，而李嘉诚是最无作为的厂长。面对这种情况，李嘉诚没有反驳，而是把它作为免费给塑胶花厂做宣传的广告。当塑胶花生产出来后，他便带上那份报纸出去推销。他对人家说："长江厂创业时的厂房是很破旧，我这个厂长也憔悴不堪，但是你看看我们长江厂的产品，却是绝对一流的。"几句朴实的话，让人们从心里接受了这位厂长，开始购买他的塑胶花。李嘉诚从此开始了资本积累。

点　评

掌握事情的主动权，变不利为有利，变被动为主动。

发散思维

　　发散思维又称辐射思维，是从一个目标出发，沿着各种不同的方向和路径去寻求多种答案的思维。这是一种无固定方向和范围的独特思维方式。它具有三个品质指标：流畅性——在短时间内思维发散的数量；变通性——思维在发散方向上表现出的变化和灵活；独创性——思维发散的新颖性和独特性。

发散思维具有很大的创造性，它可以使思维迅速而灵活地向多个角度、多个层次发散开来，从给定的信息中获取多个新颖性的答案。一杯水能值多少钱？不同的情况下会有不同的答案。

发散思维，在吃透问题、把握问题实质的前提下，打破思维定式，改变单一的思维方式，运用联想、想象、猜想、推想等形式尽可能地拓展思路，从问题的各个角度、各个方面、各个层次进行或顺向、或逆向、或纵向、或横向的灵活而敏捷的思考，就能够获得解决问题的众多假设或方案。

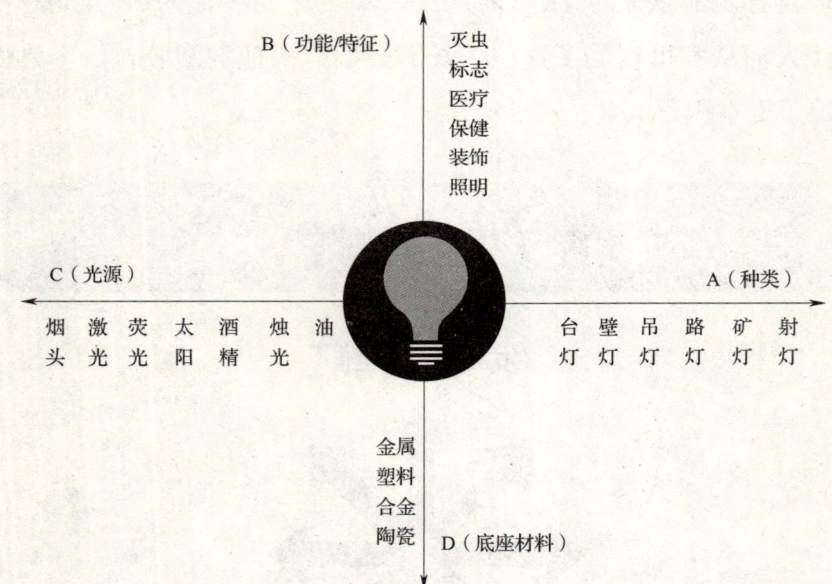

世界上有多少种类型的灯？运用发散思维进行思考图中每个坐标分别代表着灯的不同属性，每一种属性中又有很多不同的类型，这可以形成成千上万种不同类型的灯，这就是发散思维。其实任何一种事物都可以放到这个坐标上，进行发散思考。

运用发散思维，任何一个物体都可派生出许多其他功能的创新。譬如：碗是吃饭用的，另外，还可当作盛各种东西的器皿；打碎后可做刀片，可以铺在地上用于装饰……

【案例 7.46】

目前世界上最牛的停车场位于德国沃尔夫斯堡，这个停车场高近 60 层。这座全球最牛的停车场是大众德国沃尔夫斯堡的新车停车楼，是大众玻璃工厂的一部分。大众玻璃工厂于 1998 年 9 月建造，投资 2.2 亿欧元。为了让所有顾客可以了解并监督大众汽车生产的所有过程，所以工厂设计方案采用全部透明，并且对外开放参观。这座停车场不仅大气壮观，而且采用的停车管理系统也非常先进。只要车主把车开进指定的停车位，系统就会通过托板和自动升降系统，把车辆放入停车位置，停车十分便捷，避免了晕头转向地寻找停车位。

点 评

一反常规停车场模式，提出一个全新的概念，使停车变得更人性，更便捷。

【案例 7.47】

1995年，陕西省澄城县苹果丰收，前来定购的客户络绎不绝，很快就被抢购一空。有位客户来迟了一步，扑了个空。恳请果农也无济于事，请求客商转让也没结果。难道就空走一遭，白费时间？山前已无路，可这位客商并不怎么着急。他到澄城县各苹果场转了一圈，这儿谈谈，那儿问问，很快就有了主意。原来，许多新客户缺乏经验，只订购苹果，未订购包装工具。于是，他订购了苹果场仅存的全部包装工具。结果，购得苹果的客户只得恳请这位"垄断者"转售包装工具，他因此大赚一笔。同时，在转售包装时，又以转让部分苹果为条件，实现了此行的苹果订购计划。

点 评

任何事物都存在于一个特定的系统之中。此案正是在认真审视与苹果相联系的系统中寻求突破的。

【案例 7.48】

有一次，约翰到某空军基地参观时，恰遇喷气飞机升空，轰然巨响震得约翰头晕眼花。机场上的地勤人员却照常工作，就像什么也没听到一样。

约翰寻根究底地打听到，那些地勤人员的耳朵里都有一副耳塞。原来如此！他灵机一动，把耳塞稍加更改，就创造出一种学生用的"清静器"，专门向机场附近备受噪声困扰之苦的学生们推销，结果很受欢迎。

后来，约翰在各大城市设立了数千个代销点。针对学生读书思考时特别需要安静的特点，打出广告：耳根清静，读书效率倍增。引来购买者如潮。

> **点　评**
>
> 　　本案由此及彼，由地勤人员发散到学生，由耳塞发散到"清静器"，因此约翰取得了成功。

【案例 7.49】

在美国许多生产猫食的公司中，星闪食品公司生产的"九命猫"牌猫食非常有名，其品牌形象是由李奥·贝纳广告代理公司设计的一只活生生的、深被宠猫者溺爱的猫，取名为毛丽丝。为了巩固市场占有率，这家公司以"毛丽丝"为主题，以极其丰富的想象力，为"毛丽丝"策划了一系列的活动。

为"毛丽丝"寻找"孪生姊妹"。在全市 9 个主要市场发起一个"模仿秀"，寻找和"毛丽丝"面貌相似的猫，胜出者的照片将和"毛丽丝"的照片一起刊登在杂志上。届时，通过报纸、杂志大量登载有关寻找与"毛丽丝"面目酷似的猫的新闻报道。

为"毛丽丝"出一本书，名为《毛丽丝：一个亲切的传记》，描写这只名猫的各种冒险故事。

策划一场以"毛丽丝"命名的猫大赛。铜质的雕像奖杯足以令人垂涎，赠给在大赛上得奖的猫主人。

倡议发动一个"收养流浪猫月"，以"毛丽丝"作为猫的"代言人"，敦促人们像"毛丽丝"曾经被收养的那样，收养更多迷路的猫。

教人如何养猫。发放一本名为《毛丽丝法》的有关养猫的小册子，告诉人们如何照管猫。

结果，在实施了这一系列的公关活动后，"毛丽丝"这一主题形象在消费者心中牢牢地占据了位置。

激活你的创新思维

> **点　评**
>
> 　　对作为品牌形象的猫进行"人性化"宣传，赋予其亲和力，激发人们的爱心和爱猫意识，以达到促销的目的。

【案例 7.50】

　　毛笔乃"文房四宝"之第一宝，是写字、绘画的工具，在我国已有上千年的历史。即使在今天这个科技发达的时代，毛笔依然为国人所喜爱，依然有它的市场。可以说，毛笔自诞生之日起，其功能早已定型，谁也不曾去思考它还能派上什么别的用场。正因为如此，毛笔几千年一以贯之地沿袭了下来。

　　《中华经济时报》刊登了一篇文章，题为"让不用毛笔的人买毛笔"，颇为醒目。该文介绍一家毛笔企业开发市场的奇特思路。企业将毛笔定位为纪念笔——以婴儿胎发为原料制作胎毛笔，以新婚夫妇头发为原料制作结发笔，以老人头发为原料制作寿笔，此外还开发"合家欢笔""生日笔""友情笔"等。这一创意引起了人们的极大兴趣，顿时市场反响强烈，财源滚滚而来。

> **点　评**
>
> 　　从纪念品角度开发毛笔新功能，让特定时期的头发具有了特殊的意义。

【案例 7.51】

　　美国名表"TIMEX"，在香港市场销售的中文译名为"大力"。厂家准备将这款手表打入台湾市场，请某广告公司代理广告策划。经过市场调查，发现"大力"这一译名的字面里有"粗"的含义，会影响商品的档次。为避免此销售大忌，公司精心策划了两个创意。

　　"为名表求赐中文名"。在台湾 7 种主要报纸上同时刊出巨幅广告：

"TIMEX"表请大家赐中文名。其奖金之高，获奖面之广，都是同类活动所没有的。这场声势浩大的活动广泛吸引了公众的注意，收到了8.7万件应征信。公司几经筛选，选定了"天美时"为中文译名，并将获奖名单在各大报纸公布。

"赠送特别贺年卡"。在新年即将来临之际，公司准备了印有"天美时"商标及号码的精美贺年卡，赠送给所有参加征名活动的应征者。每人3张贺年卡，分寄3位亲友，并请亲友保存这份贺年卡。厂家将在春节期间抽出100个幸运号码，中奖的寄收双方都可得到一只"天美时"手表。"天美时"的知名度再掀新高。

点　评

增加互动性，并且打亲情牌，拉近了与顾客之间的距离，这是一种营销创新。

【案例 7.52】

生产斧头牌发酵粉的公司成立于1846年。100多年来，由于发酵粉是美国人烤制蛋糕和面包的生活必需品，所以业绩一直不凡。

蛋糕预调配方的出现，使发酵粉失去了部分市场，而冷藏蛋糕的问世，更是让发酵粉的销量一落千丈。当然，斧头牌发酵粉也是在劫难逃。该公司遭遇了前所未有的危机。

戴维斯的出现使斧头牌发酵粉有了转机。

戴维斯在该公司担任营销经理一职。他针对斧头牌发酵粉的产销状况进行了深入研究。

就产品的寿命周期而言，发酵粉已经从成熟期步入了衰退期，其销量势必逐渐萎缩，直至产品死亡。正当发酵粉走入衰退期时，又碰上了蛋糕预调配方与冷藏蛋糕的双重打击，这无异于雪上加霜，加速了产品的死亡。

要想使斧头牌发酵粉起死回生，并重振昔日雄风，唯一的途径就是：寻找发酵粉的新用途。

发酵粉的学名又叫碳酸钠，俗称小苏打，是一种白色略带碱味的粉状物，人们一般都用它来烤制蛋糕和面包。戴维斯在深入分析中发现，发酵粉除了用做烤蛋糕和面包外，还能够消除冰箱里的异味，而且把它倒入厨房的水槽中，也能够消除恶臭。

于是，戴维斯以"我发现了一个秘密"为题，制作了一系列电视广告：

——把用剩的斧头牌发酵粉放在冰箱里，能够消除冰箱里的异味。

——一台冰箱要放两包斧头牌发酵粉：一包放在冷藏室，一包放在冷冻室。因为冷藏室与冷冻室的异味必须一并除去（一台冰箱用两包，其销售量就增加了一倍）。

——冰箱内的发酵粉放置一段时间后，除臭的效果会减弱，此时需要更换新的发酵粉，然后把旧的发酵粉倒入厨房的水槽里或冲入下水道中，这样还能消除恶臭（提高产品的重复购买率）。

这一系列广告引起了消费者极大的热情。不仅"我发现了一个秘密"成了大众的话题，而且美国各地经销商的订单也蜂拥而至，甚至许多零售商还向公司抱怨缺货。

点 评

开发新用途，一物二用，市场自然扩大。任何事物都有多种作用，就看怎么开发，如何利用。

【案例 7.53】

有位毛巾厂老板苦于市场竞争激烈，找不到新的出路。小小毛巾，如何创新，商机何在？

的确，毛巾极为简单，看似没有什么特点可言。其实不然。细究下去，毛巾的特点还真不少，以之为思维起点，可获不少创意。

从形态上看，毛巾摊开来是平展展的正反两个大平面，双面均可负载各种各样的图案与文字。

从功能上看，毛巾是人们洗浴的专用品，使用频率高，每天都离不开，至少早晚两次。

从使用者看，城乡人民，男女老少，每人一条毛巾，外加浴巾、枕巾之类，专人专用，不相混淆。

当然，我们还可以再道出一些特别之处，比如质地、构造等。

以上述特点为思维起点，以生产企业的经济效益为目标，可获许多有价值的创意。

在毛巾上做广告。毛巾可以成为广告载体：它有两个平面，可负载各种各样的广告图文；它日日使用，与"主人"打照面的机会多，可产生强大的影响力；它日间悬挂起来，对其他人也有宣传功能。如果区别各类人士使用的毛巾，有针对性地做男性健身、女性美容、少儿卫生等内容的广告，会有更好的效果。毛巾生产企业可以从中收取不少广告费，也可以争取广告主的大批量业务。如果设计得图文并茂，有情有趣，毛巾本身也能推销自己，至少比那些毫无内涵的花草图案要强得多。

让毛巾兼具保健功能。毛巾直接与人体皮肤接触，负有去污功能，可否由此延伸下去，让它同时兼有保健功能？可使少儿毛巾附加护肤功能，女性毛巾附加杀菌抗感染功能……

点 评

一件事物有多种作用或用途，我们往往只重视其中一种。要善于运用发散思维的方法，挖掘和发现一件事物更多的作用或用途。

【案例 7.54】

法国人贝利原来做过报社记者，多年来一直有保存旧报纸的习惯。

有一天，他在翻阅旧报纸时突然来了灵感：把旧报纸当成礼品，出售给跟报纸同一天出生的人。

于是，他组建了"历史报纸档案公司"，正式对外营业。同时，贝利在收集报纸和销售报纸上都投入了很大的精力。

在收集方面，他走访了法国各地的图书馆，请他们把准备丢弃的旧报纸卖给他。此外，他又与图书馆商定，一旦图书馆把旧报纸制成显微胶片后，贝利拥有优先购买权。

在销售方面，他一方面在杂志上进行广告宣传，另一方面在礼品店与文具店建立销售点，让店员向顾客推荐这种独特的礼品。结果二者收效都很好，经由广告产生的业绩占了六成，店面产生的业绩占了四成。

点　评

巧切心理蛋糕，挖掘事物新功能。旧报纸焕发"新用途"，对号入座"生日礼物"。每一个人对自己的生日都有一种特殊的感情，自然也对生日那天发生的事感兴趣，而报纸应该有最详尽的记录。所以尽管"历史报纸档案公司"卖的只是一个"日子"，但却卖到了法国人的心里。

【案例 7.55】

1990 年，北京亚运会召开在即，全国人民踊跃捐款捐物支持亚运会。四川宜宾红楼梦酒厂准备捐献 500 盒酒，想让报纸予以报道，并请求得到亚运会组委会领导的接见。

亚运会组委会接受全国各地大量的捐献，自然不把价值不足 1 万元的"酒水"放在眼里。中华精品推展会工作人员绞尽脑汁，联想到我国古代将士出征前必喝壮行酒的传统，决定让红楼梦酒厂以"壮行酒"的名义赠酒，并举行赠酒仪式，表达全国人民对亚运健儿的热切期盼。赠酒仪式庄重、肃穆，气氛热烈。中央电视台、北京电视台当晚主播了这一消息，第二天全国 40 多家报纸报道了这一事件。

"壮行酒"由此与亚运健儿在第十一届北京亚运会上取得的辉煌成绩连在一起。提起亚运健儿们的成功，谁能不联想到出征前激动人心的壮行酒？同年11月，在石家庄订货会上，3 600万盒"壮行酒"全部销完。

点　评

在以"量"不能凸现时，转换思路，以"情"凸现。本案予酒以情，可谓独树一帜。

【案例7.56】

富士山是日本民族的骄傲。而日本SB公司则利用日本人对富士山的特殊情感，人为"制造"了危言耸听的富士山危机。

该公司为推销滞销的咖喱粉，做了这样一条广告："富士山将旧貌变新颜了。本公司将雇用数架飞机，将黄色的咖喱粉撒在雪白的富士山顶，届时，人们将会看到一个崭新的金顶富士山。"

这无异于水滴油锅，一时舆论哗然。SB公司成为各传播媒介的议论中心，斥责之声蜂起："富士山乃日本国民所有，岂容SB公司胡来。"铺天盖地的议论、指责正中策划者下怀。几天之后，公司在报上做出了表态："本公司的意愿是美化富士山。如今考虑到社会的强烈反对，决定撤销飞机撒咖喱粉的计划。"于是峰回路转，SB公司借此名声大振。

点　评

创新无禁区。开发热点，通过制造新闻事件进行造势，引起关注。

【案例7.57】

四年一度的美国总统大选在美国一向是举国动员，各行各业的商人也纷纷在大选年借机行事，爱凑热闹的广告界当然是一马当先。1992年春，第一轮广告攻势开始了，服装设计师唐娜·卡兰旗下的高级服装公司，便在各大时装杂志上推出了让人眼睛一亮的广告。

在长达8页的广告篇幅里，展现的是一位年轻貌美的女性总统候选人，在选前与幕僚们策划如何击败对手，并在当选后举行游行，最后宣誓就职等场面。这则系列广告直到最后一页才打出唐娜·卡兰的商标字样，并且加上一句"我们相信女人"。

妇女当选美国总统，在美国可谓是件新鲜事，唐娜·卡兰公司的这则广告非常适合职业女性的胃口，而这群高阶层的高消费者，正是高级服装公司的主要销售对象。唐娜·卡兰公司利用这位女候选人的系列照片，将公司的服装和珠宝首饰穿戴在她的身上。此后，女候选人引领了高消费者的服装潮流。

点 评

虚拟事件，调动消费群体的好奇心，制造新闻，引导消费。

【案例 7.58】

奥运"核商机"裂变

奥运纪念品：奥运吉祥物，奥运圣火纪念品，奥运冠军玩具。

奥运食品：奥运饮料、奥运饼干。

奥运服装：奥运T恤、五环T恤、奥运村T恤。

奥运文化：奥运演义、五环故事、奥运画册、迎奥运书法大赛。

奥运文艺：奥运小品、奥运电视剧、奥运电影、迎奥运歌曲大赛等。

奥运教育：奥运知识大赛。

点 评

"奥运"本身是一个超级文化板块。通过"奥运"载体，将思维向多个角度、多个层次发散开来，利用裂变效应分离出一个个商机。

【案例 7.59】

　　几年来，许多食品厂家都在月饼的改进上动了不少脑筋。一是改进包装。因为包装材料的价值所占比例很大，甚至大大超过了月饼本身，由此还遭到了许多非议。二是改进口味，虽然连蛋黄、水果也被包进了馅中，但终究大同小异，并未吊起人们的食欲。那么，月饼是否能够打破传统的框架？下面让我们了解下某厂家的做法。

　　生产百味月饼，一块月饼多种味。比如，一块八味月饼就是将月饼分成 8 等分，分别包上 8 种馅：海南椰子、新疆葡萄、西藏青稞、广东荔枝……每一口咬下去都是不同的味道。吃几块月饼就如同周游了几个城市。如果再在包装盒印上"全国人民与您共度中秋佳节"的字样，相信会有更大的号召力。由此引申开来，可以是全国 56 个民族的代表性风味，即"全国各族人民与您共度中秋佳节"。

　　生产寓意性月饼。生产拥军月饼——形似军功章的月饼。可作为部队专用，也可用作地方慰问部队和军队慰问军嫂的慰问品。这种月饼寓意着"军功章上有我的一半也有你的一半"。形神兼备，颇显独特意味。

点　评

　　在"更多"上突破创新。本案以改变月饼单一口味为突破口，赋予其深厚的文化内涵，打造出月饼与众不同的品质。

【案例 7.60】

　　美国制造地板蜡和打光蜡的最大厂家庄臣公司研究出了一种新型的打光蜡。这种打光蜡不是糊状固体的，而是能用喷雾器喷的液体，快捷方便，具有胜过同类产品的明显优势，然而它却没有打开市场。

于是，庄臣公司委托一家广告公司策划营销方案。这家广告公司首先开展了周密的市场调查，对顾客进行了长久观察，发现打光蜡市场不景气的原因在于妇女们嫌给家具打蜡太麻烦，所以每月打蜡的次数越来越少。另外，调查研究还表明，妇女们每天都对他们的家具进行简单的擦拭。于是，这家广告公司推出这样一个广告策划：把庄臣公司的打光蜡加在擦拭灰尘的抹布上，并做出承诺："当您擦拭灰尘时，您的家具在干净的同时还能立即变得光亮而美丽。"结果，庄臣公司推出的打光蜡新品将已有的市场扩大了两倍。

点 评

加法创新。打光蜡、抹布虽具有不同的功能，但却是面向同一个对象——家具。沿着时间一致性的加法思路，一举两得的创意便形成了。

【案例 7.61】

日本龟甲万食品公司的酱油行销全球。但龟甲万酱油初入美国市场时，只在大型的超级市场销售，且销量很不理想。虽然它的品质优良，可多数家庭主妇都有意无意地排斥日本产品。怎样才能接近顾客，建立起与顾客的良好沟通，同时又能节约成本，不抬高价格呢？围绕这几个关键问题，龟甲万有了新思路。

很快，市场就有了很大的起色，龟甲万酱油的品质逐渐受到肯定。而这一转变的关键，是龟甲万制作的一本印刷精美、解说详尽、使用简便的酱油食谱。借助这本食谱，主妇们能够做出独具匠心而又色、香、味俱全的各式菜肴，给厨房里增添了不少新鲜感，其结果是丈夫满意，子女高兴。如此，龟甲万酱油成功地打入了美国的家庭，其销路势如破竹，节节攀升。

点 评

不怕消费者不接受你的商品，关键看能否提供让消费者接受的更加充分的理由。这个理由包括跳出商品自身的功能，为其附加新的功能。此案中，当酱油品质没有特别改变时，突破在商品本身周围的思路，推出一种与酱油有关系、让消费者爱不释手的食谱，使酱油顺其自然地进入更多的美国家庭。

整 合 思 维

整合思维，是一种有效配置资源的思维形式，是相对线性思维的复合型思维。即把相互看似不关联的事物在系统观统顾下，围绕一定的目的使之成为有机整体，就是形成创新成果。市场经济中的资源配置就是一种整合。整合的过程既是资源搜索的过程，也是资源联系配置的过程，整合形成系统。"系统论"认为，凡是由相互联系和相互作用的诸因素所形成并且有特定功能的总体，都是一个系统；任何系统都不是它的组成因素的简单加总，而是这些因素在特定联系方式和数量配比下形成的有机总体；总体具有不同于组成部分（或子系统）的新功能，总体"大于"各组成部分的孤立属性的简单总和。例如电视机是一个总体，它包括高频、公用通道、伴音通道、同步扫描通道、电源五个子系统。这些组成部分单独存在时都不具备接收音像的功能，只有将它们有机地组合在一起，才能具有音图传送的效果。另外，音乐由七个音符的变化的组合，中药配方是最常见的二三百种中草药的配比组合，一百多种化学元素的交互作用构成了大千世界。

运用系统观可以发掘出种种资源，但这无数的资源只有经过"整合"，才能被糅合为具有整体性的有机总体，从而产生新的功能。爱因斯坦说，"组合作用是创造性思维的本质特征"。橡皮＋铅笔＝橡皮铅笔。举世瞩目的阿波罗登月计划，历时十年，动用了42万名科技人员、2万家公司、120所大学，耗资250亿美元，仅是零部件就300多万个，而这一切所凭借的全部是已有技术，是已有技术的全新组合。

因此，一旦目的确定后，要善于发掘一切可用的资源，并把这些资源整合起来。不仅要整合"显性"要素，即看得见摸得着的要素，而且要整合"隐性"要素。借势、借品牌，也属于整合的应有之义。这种借势可以是资源、可以是事件，也可以是潮流趋势，还可以是心理动向。借势是将目的隐藏于某个事件之中，从而伴随某个事件的进展而取得成功。在没有势可以借助的情况下，可以人为制造事件来自我造势。

整合思维要求把单一的线性思维转变成复合型思维，并完善复合型知识结构，同时注意在处理问题时不局限于就事论事，而是能够跳出事物本身，在更大范围内去整合资源，把事情做得更好。复合型思维强调，考虑一件事，不仅要算经济效益账，而且要算社会效益账和文化效益账，要算长远效益账和综合效益账，从而使收益最大化。

【案例 7.62】

服装设计师们精彩的创意和完美的设计常常令人称赞。他们绞尽脑汁地挖掘自己的创意，为的就是展现出品牌最美的一面。他们的确是从生活中发掘出了各种时装的灵感来源，让我们看到这些风景和时装竟然有那么惊人的相似之处。只不过，这些对美丽大自然的借鉴和艺术上的升华，确实是聪明的做法。这种整合自然之美的探索，赋予设计师无限的创造力。俄罗斯艺术家 Liliya Hudyakova 把时尚与自然的照片进行对比，形成一系列令人惊叹的艺术。

点 评

融合自然之美，进行服装设计，能够获得源源不断的创意。

【案例 7.63】

北宋时，皇城被大火烧毁。宋真宗派大臣丁渭主持修复。皇城修复工程浩大，需要的砖、木、土、石等材料数量极大，又需大量的工程用水。交通不便，时间有限，丁渭面临巨大困难。

丁渭详察工地，陷入深深地思索。很快，他拿出了一个新颖、独特的总体方案：将皇城大门之前的大道改挖成水渠，取土烧砖，引水入渠；水渠与外河相通，用大船载运木、石等材料进入工地；就渠取水，直接供建筑工地使用；待工程结束后，再将所有建筑垃圾填入河渠，恢复成大道原状。一条小河渠，同时解决了取土烧砖、材料运输、工程用水、垃圾处置等问题，大大提高了功效，节约了费用。

点 评

在系统观统领下，以"整合"这双无形的巧手，将所需资源糅合为有机整体。通过改大道为水渠，多点相牵，环环相连，一举多得。

【案例 7.64】

"大数据"(BIG DATA)一词越来越多地被提及,人们用它来描述和定义信息爆炸时代产生的海量数据,并命名与之相关的技术发展与创新。最早提出"大数据"时代到来的全球知名咨询公司麦肯锡称:"数据,已经渗透到当今每一个行业和业务职能领域,成为重要的生产因素。人们对于海量数据的挖掘和运用,预示着新一波生产率增长和消费者盈余浪潮的到来。"

大数据是云计算、物联网之后IT行业又一大颠覆性的技术革命。云计算主要为数据资产提供了保管、访问的场所和渠道,而数据才是真正有价值的资产。例如:企业内部的经营交易信息、互联网世界中的商品物流信息,互联网世界中的人与人交互信息、位置信息等。这些信息分散在世界各地,通过互联网技术将其进行整合,就得到了可贵的数据资产。如何盘活这些数据资产,使其为国家治理、企业决策乃至个人生活服务,是大数据的核心议题,也是云计算内在的灵魂和必然的升级方向。

点 评

大数据就是整合思维的产物。在大数据时代,所有的信息都以数据的形式被记录下来,并汇总成为有经济价值的大数据。

【案例 7.65】

1984年,美国总统里根访华,临别前要举行盛大的答谢宴会。按照以往惯例,这样的宴会一般是在人民大会堂举行,但长城饭店的决策者看中了这一千载难逢的机会,经多方争取,终使这次举世瞩目的盛大宴会在开业不久的长城饭店举行。这一活动使长城饭店的名声随着里根访华活动的新闻报道传遍了世界各地。长城饭店公关部经理幽默地说:"长城饭店跟着里根跑遍了世界的每一个角落。"

点　评
借势借力、整合资源，以达到促销的目的。

【案例 7.66】

　　一位企业家从朋友处得知，阿根廷政府想从国际市场上购买价值 2 000 万美元的丁烷气。他如获至宝，立即赶到阿根廷。难的是自己毫无资金，更有英国石油公司、壳牌石油公司两个实力雄厚、难以对付的竞争对手。这位企业家广泛了解阿国的各种信息，努力从中寻找机会。当时，阿国牛肉过剩，急需外销。这位企业家灵机一动，有了主意：以物易物，拿丁烷气换牛肉。这个点子大合阿国政府之意，以多余之物换取急需之物，两个难题都解决，何乐而不为？由此，他挫败了两个竞争对手。

　　丁烷从何而来？牛肉往何处去？这位企业家来到西班牙寻找机会。西班牙有一个大船厂面临倒闭，原因是没有订单，政府很着急。这位企业家又来了点子：我拿价值 2 000 万美元的牛肉换你一条同价值的超级油轮如何？政府十分高兴：牛肉供国民食用，油轮可救活船厂，等于国民合力救船厂，不增加政府负担，是件大好事，当即成交。于是，阿国牛肉直接发往西班牙。

　　牛肉卖出去了，油轮派何用场？这位企业家又跑到美国费城。他找到太阳石油公司，声称公司如果肯出 2 000 万美元长期租用油轮，则租金全部用来购买丁烷气，公司觉得虽然货款被欠，但有油轮抵押，且油轮正是所需，于是签下协议。

　　这位企业家周游了一圈，就办妥了一切，且每次成交都得到一笔手续费，若干年后，租期到了，又拥有了一艘油轮。此后很快跻身于石油界，逐步成为石油大亨。

点 评

以需求为突破口，巧妙地利用事物间的联系，在对接中实现多赢。

【案例 7.67】

某大城市要建一家文化馆，必须将原住户搬迁至别处。国家为此拨了 1 400 万元的搬迁费，可还是远远不够。因为搬迁地区有 100 户居民，每户居民需要 20 万元才能够解决新居问题。如此算来一共需要 2 000 万元，尚有 600 万元的资金缺口，怎么办？

这时，文化馆请高人指点。他们通过调查发现，市区内的房子贵，不是房子本身造价高，而是地价太高。而在郊区，一套房子只卖到 3 万多元，问津者还是寥寥无几。为什么那么便宜、那么好的房子没人去住？原因是交通不方便。

如果在郊区给每家买一套房子，再配上一辆 3 万～4 万元的小面包车，那么每户搬迁费顶多也就 6 万～7 万元。方案一公布，100 户居民都非常乐于接受。不但住上了新居，还提前实现了中国人做了很久的汽车梦，何乐而不为呢？

这样算下来，不仅解决了搬迁问题，还有很多结余。

紧接着他们设想：把这 100 户居民的小汽车注册为一个出租汽车公司，这样又可以多一笔收入！

点 评

跳出问题看问题，把解决要素置换中的障碍作为创新切入点。通过售房搭汽车，弥补住房偏远交通不便之不足，实现住户顺利搬迁。

【案例 7.68】

罐头换飞机。在蜀道难，难于上青天的四川，偌大的"川航"竟没有一架自己的干线飞机。而这种飞机国内造不出来，需要引进；俄罗斯（前苏联）航空工业发达，飞机多且价格低。"川航"虽然有权向国家申请购买飞机，却苦于没有足够的资金；恰巧俄罗斯有飞机但缺日用品，而这类商品在我国曾因一度经济过热造成了积压。如能交换一下，岂非两全其美？于是南德集团提出了"罐头换飞机"的大胆创意。

创意既出，南德集团迅速同国内300多家企业进行谈判，购买了500节车皮的积压罐头运到俄罗斯，换回了4架图—154大型客机，供"川航"先使用，后付钱。

最后的结果当然是皆大欢喜。"川航"先用飞机后付钱；代理进出口业务的两家外贸公司倒手即赚；300多家企业脱手了烫手山芋——"罐头"；四川旅客不再因有钱无飞机坐而望川兴叹；俄罗斯也因500节车皮的"罐头"解了燃眉之急。当然其中最大的赢家、获利最丰的还是南德集团。

点　评

思维创新一定要充分挖掘和利用信息，博采而敏感，寻找看似不相关的事物之间存在的内在联系，在此基础上运用整合思维，大胆整合各方所需，把彼此想对接但不具备对接条件的需求通过中间环节加以实现。

【案例7.69】

一位贤明的父亲和他7岁大的儿子整理后花园，他们遇到了一块埋在土中的大石头。父亲觉得这是一个教育孩子的好机会，于是他要孩子自己将大石头移开。孩子推了半天，石头仍然不动，就聪明地在旁边挖了个洞，找来一根木头插进洞中，把另一块小石头垫在底下，使劲地往上撬，但大石头仍纹丝不动。显然，以他的力气是不足以搬动大石头的。

孩子告诉父亲他搬不动，父亲在一旁看得很清楚，但仍冷冷地说你要尽全力。

这一次,孩子用尽了全身的力气,小脸都憋红了,到后来将整个身体的重量都压在木头上了,石头仍纹丝不动。

孩子大喘着气,颓然坐下。

父亲和蔼地走到他身边,问道:"你确定你真的用尽全力了吗?"孩子说当然用尽了。

这时父亲温柔地拉起孩子的小手说:"不,儿子,你还没有用尽全力。我就在你身边,可你没有向我求援啊。"

点 评

对忽略资源的占有就是创新。本案情况在生活中很多,稍加留心会大有益处。

【案例 7.70】

日本安田保险公司以 53 亿日元,买来梵高的世界名画《向日葵》挂在了营业大厅。消息不胫而走,每天前来观赏者达 2 万多人次,一时成为当地的一大热点。于是,各种报道充斥媒体,各种传闻流入街巷,公司知名度因此大为提高,生意如火如荼。据行家估算,这次由名画所产生的广告效应,其价值应在 2 000 亿日元以上。

点 评

名画有价,创意无价。不一样的策划,带来不一般的效应。

【案例 7.71】

1982 年 5 月,台湾发生了一起社会各阶层人士皆广泛关注的特大新闻:著名女歌星方季惟被确诊患甲状腺癌并已住院接受手术治疗。

面对这一事件,台湾广告商眼明手快。5 月 5 日,Fido Diao 洗发乳就抢先在《中国时报》上刊登出一大篇幅广告:此时此刻,Fido Diao 只想对他亲密的伙伴方季惟说:"别怕,勇敢的小孩,我们永远在你身边。"广告词旁有几幅方季惟长发飘逸,笑容璀璨的照片和 Fido Diao 洗发乳。

点评

巧借名人效应,进行思维联想:洗发乳不仅养护了方季惟的飘逸长发,还进一步鼓励方季惟勇敢地面对一切,希望笑容再次璀璨并照耀她年轻的生命。这已经跳出了纯商业的创意,进而对生命投之以深沉的注视和关爱。

【案例 7.72】

1959 年,美国商品博览会在莫斯科举行。为进军前苏联市场,百事可乐公司董事长唐纳德·肯特亲临现场,凭借和当时美国副总统尼克松的私交,请求尼克松在陪同前苏联领导人参观时,想办法让前苏联领导人喝一杯百事可乐。尼克松大概事先同赫鲁晓夫打过招呼,因此赫鲁晓夫在路过百事可乐的展台时,端起一杯百事可乐进行品尝。顿时各国记者的镁光灯大亮。这对百事可乐来说,无疑是一个特殊的、然而又是影响力最大的广告。这件事使百事可乐在前苏联市场站稳了脚跟。

1964 年,尼克松在大选中败给了肯尼迪。但百事可乐公司却认准了尼克松的外交能力,以年薪 10 万美元的高薪聘请尼克松为百事可乐公司的顾问和律师。尼克松欣然接受,并利用他当副总统时的旧关系,周游列国,积极兜售百事可乐,使百事可乐在世界上的销售额直线上升。

点评

巧借名人资源,通过与名人相关的事件运作,达到其经济目的。

【案例 7.73】

上海有太多的住宅新村,以数字编号很容易混淆,而且名字枯燥,难以分辨。于是，有人提出把这些新村的命名权出售给一些企业。就拿化妆品企业来说，一村改叫雅丝丽，二村改叫飘洒村，三村改叫爱萝莉。这样一来，几方面都可得利：对企业来说，是绝好的公关广告；对居民来说，新村有个好听的名字，容易记；对新村的管理部门来说，可借此得到一笔资金来改善新村的公共设施。此举可谓皆大欢喜。

点 评

资产不仅包括有形资产、无形资产，还包括隐性资产和潜在资产。一些单位无形资产和潜在资产大于有形资产的已不在少数。本案是对无形资产和潜在资产的开发整合。

【案例 7.74】

小林一三在大阪创建阪急百货店时，别出心裁地将市内一家名气远扬的咖喱饭店请进店里来经营，并请他们把咖喱饭的售价降低四成，差价由小林一三补偿。

百货店的董事和员工认为小林老板是"引狼入室"，纷纷起来反对，请求老板撤销决定。小林坚持己见，不为所动。

物美价廉的咖喱饭店一开张，大阪市民从四面八方蜂拥而至。百货店每天挤得人山人海。热闹之际，百货店的生意自然也水涨船高，营业额翻了几番。

点 评

这是创新活动中的加法，沿着借力、借势、借品的思路发散思考，就会整合出具体的创新成果。

【案例 7.75】

苏东坡当年在杭州任地方官的时候，发现西湖的很多地段都被泥沙覆盖，成了所谓的"野田"，看后感到很痛心。以后他每天都到湖边巡视察看，反复考虑如何加以疏浚，再现西湖的秀美风采。而让他感到最棘手的是从湖里挖出的淤泥无处堆放。有一天，他来了灵感：西湖有10里长，要环湖走一圈，一天都走不过来。如果能把从湖里挖出来的淤泥堆成一条贯通南北的长堤，那不是很好吗？而且清淤平整出的田地所获得的收益可以作为整治西湖的资金。这样一来疏浚西湖有资金，挖掘出来的淤泥也有了去处，西湖附近的农民又多了收益，西湖还有了一条贯穿南北的通道，既能便利来往的游客，又能为西湖平添几分秀美。苏公妙计，一举数得。

点　评

在系统观统领下统筹兼顾，通盘谋划，重新组合，在重组中多方获利。世界上的事物都不是孤立存在的，它们总是在空间或时间上保持着一定的联系。"秋水共长天一色"，就是事物在空间上的接近引发的联想。

【案例 7.76】

有经验的推销员都知道，获得潜在客户的最好方法，就是通过老客户的介绍。老客户所介绍的潜在客户成交率很高，因此被推销员视为制胜的利器。

然而有一种方法比上述的方法要更胜一筹，那就是美国的"推销员互助俱乐部"。

该俱乐部由10多位推销员组成。他们定期聚会，彼此免费提供生意的机会与潜在客户的名单。该俱乐部唯一的戒律就是会员不能是同行。因此，俱乐部里包含了保险、广告、出版、家电、装潢、银行、房地产等10多种不同的行业。

由于从事不同的行业，彼此没有竞争，基于互惠的原则，大家都能坦诚地交换信息，也都经由"推销员互助俱乐部"获得潜在客户，而且通过会员的介绍，对客户的习性与需求也有了深入了解，所以常常收到事半功倍的效果。

"推销员互助俱乐部"每周聚会1次，并固定在星期一中午以聚餐的方式进行。因为星期一是一周的开始，会员们在彼此获得了潜在客户后，便可以马上投入工作。至于选择午餐，是怕晚餐拖长了时间，影响聚会的目的。

会员间的权利与义务是对等的。聚会时，每个人原则上发言10分钟，主要介绍可能的生意机会与潜在客户。会议时间不超过2小时。若需更详尽的资料，可在会后个别深入讨论。

为维护会员们的权益，"推销员互助俱乐部"订立了规章：每一会员均要保证所提供的产品或服务绝对让客户满意；每一会员均要准时出席聚会，迟到受罚，缺席若干次后，开除会籍；不得邀请非会员参加聚会；会议中的消息、情报以及客户名单绝对不能向外人泄露。

点 评

由一人的老客户资源延伸到多人的老客户资源，通过构筑资源共享平台，达到互惠多赢目的。

【案例 7.77】

104国道通过温州境内的平阳时，因有一座大山挡道，需绕一个大弯。为了不走弯路，计划打一条隧道，直接穿过大山。当时，预算投资达4 900万元。另外，为了改造旧温州拥挤的街道，市里决定，拓宽人民路，建一条拥有20世纪90年代水平的现代街道，投资概算15亿元。还拟兴建一个大型体育场，也需要一笔很大数额的投资。

修公路、建街道、办体育场，都是公益事业。依传统习惯，公益事业必须国家兴建，政府投资。可政府哪来那么多钱？

温州人勇于改革，勇于突破"习惯"。观念更新，思路改变，主意就来了。

隧道让企业来打。市政府公开招标，谁中标谁打洞，谁投资谁受益。政府只出台一条政策：承包者按国家规定，对过隧道车辆收费，运营15年后，隧道无偿交还国家。就这样，这项工程国家不花一分钱，15年后还拥有全部产权；承办人前期投资，5年左右即可收回，后期还能净赚数千万元。

"人民路"让人民来建。政府按一定价格买下原人民路两侧的旧平房并拆迁。由于街小房小地价低，所花的钱并不多。接着，政府公布人民路建设规划，定位为全市最繁华地段。对两侧土地公开招标，中间道路的建设费用由两侧中标者承担。中标者根据规划建高楼大厦，底层为商铺，上层为办公或住宅。由于规划档次高，地价数倍于前，政府前期付出资金全部收回，中标者也得到应有回报。

体育场让商家来建。这个体育场建在商场上，上面轰轰烈烈搞比赛，下面热热闹闹做买卖。体育场的部分座位动工前就预先出售。愿出5万元者，便可获得某个座位的免费使用权，不管何时何种演出或比赛，只要是第一场，那个座位都是免费给你的。仅此两项就筹得资金3 000多万元。

点　评

观念更新天地宽。打破"国家的只能国家办，集体的只能集体办"的传统思维方式，大胆整合资源，以实现多赢。

【案例 7.78】

普拉斯是日本一家专营文教用品的公司。由于利薄，生意始终清淡。

后来，公司招聘了一位名叫玉村浩美的普通职员，通过调查发现，光顾普拉斯的人，不管男女老少，不管是否带着小孩，购买文具用品时都不是只买一样东西，而是三件以上一起买。玉村浩美从这一现象得到启示，联想到自己读小学乃至中学时，书包里总是存放着钢笔、铅笔、尺子、橡皮、小刀、圆规等，不禁灵机一动，想出了一个好的涨价方法，即将上述文具及剪刀、卷尺、塑料尺、小订书机等，放进一个专门设计的、精巧而又轻便易带的折叠盒子中，再在盒子外表印上青少年喜爱的色彩鲜艳、形象生动的图画，这时趁势提高总售价，既方便顾客，又不易让顾客觉得价格上涨。

普拉斯公司把这个盒子定价为 2 800 日元，是原来几件文具总价的 2 倍多。这种成套文具既迎合了中小学生的需要，也受到机关及其他文员的欢迎，很快就成为热门商品，第一年就销售 300 多万盒，获得了意想不到的利润。

点 评

有时只是变换一下物品的组合形式，就会取得意想不到的收获。关键是用足用好"整合"这个"魔杖"。

【案例 7.79】

一位从事乡村房地产生意相当成功的经纪人说：如果我们能训练自己看到目前不存在的事物，就会有所成就。

他在经手一桩地产生意时是这样运作的：制作若干套有关农场未来的发展计划。他认为："如果你只告诉顾客农场占地 X 亩，拥有 Y 亩森林，距城镇 B 公里，是无法打动他来购买的。但是如果你告诉他一个利用农场的具体规划，他就很可能被你说服。"

他拿出计划让客人看，每一套计划都打印整齐，详尽可行。其中一套计划是将农场改建为骑马场，构想很成熟。因为城市正在发展，喜欢户外活动的人越来越多，人们用在娱乐方面的花费也越来越多。

计划还指出，该农场能养大量的马匹，骑马活动能带来可观的利润。这个计划实在是很完整，很有说服力，让人好像已经看到一群游客正在骑马穿越森林。

他说："我跟顾客谈话时，不一定要说服他们相信这农场值得买，而是给他们提供一幅使农场赢利的远景规划图。除了比其他的竞争者更快地卖出更多的农场外，我还能因附加创意而将农场卖出更高的价码。因此有更多的人把他们的农场托卖给我，而我的每一笔销售佣金也比别人高。"

点 评

此例中经纪人不仅整合房地产的占地、交通等"显性"要素，还通过制订详尽的发展计划，以出售概念、帮对方策划的方法，将大量的"隐性"要素整合其中。这个事例还告诉我们，在运用整合思维时，不能只看现状，还要能看到未来可能的发展和可能增加的价值。

【案例 7.80】

几十年来，出租车行业的工作方式一直没有变化，就是"扫马路""趴活"，效率很低。与之相对应的则是乘客打不到车，怨声载道。但"滴滴打车"的出现，改变了数十年不变的出租车运营方式。

"滴滴打车"将移动互联网行业和传统的出租车行业进行整合，将互联网思维引入了打车领域，把线上与线下相融合，从打车初始阶段到下车，到支付车费，都在网上进行，画出了一个乘客与司机紧密相连的 O2O 完美闭环。既最大限度地优化了乘客打车体验，改变了传统出租司机的等客方式，又让司机根据乘客目的地按意愿"接单"，节约了司机与乘客沟通成本，降低空驶率，最大化地节省了司乘双方的资源与时间。"滴滴打车"出现后，大受欢迎，用户和日均订单量也直线上升。

点 评

互联网是新兴行业,出租车是传统行业。将这两个不相关的行业进行有机整合,创造出了新的市场。互联网正在用它独特的方式激活更多的传统行业。

【案例 7.81】

拉手网是一家团购网站。自成立起就以全球首家 Groupon 与 Foursquare(团购+签到)相结合的团购模式。这个模式给签到用户像团购注册用户一样的实惠,向传统团购模式发起挑战。之后,又首创了一日多团的新型团购模式,这一动作不仅再次突破了国内团购行业一直以来一成不变的商业模式,更是跳出了对团购网站鼻祖 Groupon 的一味模仿。不断地创新使得 2010 年才成立的拉手网,当年交易额接近 10 亿元,2011 年 1 月 20 日,拉手网注册用户突破 300 万,月均访问量突破 3 000 万,开通服务城市超过 400 座,并仍以每月 100% 的速度增长,一跃成为中国内地最大的团购网站之一。

点 评

通过互联网这个平台,将分散的小需求集合成为一个大需求,从而降低顾客购买商品的价格。顾客买到了物美价廉的商品和服务,商家抓住了市场,一举双赢。

【案例 7.82】

有一个大学生,得知有人要出售学校旁边的一套住宅,价格不高。据内行人说,足足便宜了 2 万元,值得购买。可是,自己没有钱,怎么办?他对房主说:"价格就这样讲定了,我现在开始筹款,半年内成交。现在先租给我,我每月付租金。如果半年后我付不出房款,你可以另找买主。"主人同意,并签了协议。

这位大学生将房子转租给两位研究生,每月还赚了50元价差。课后,他四处活动,打听买主。为了扩大选择范围,他请两个同学帮忙宣传,答应房子成交后,付给每人500元劳务费。

3个月后,果然找到了买主,并赚得12 000元。除了劳务费与请客外,自己净得10 000元。

点　评

运用整合思维,对"非我资源"进行有效整合。

【案例7.83】

酣客公社是一个以FFC模式(Factory and Fans to Costomer)运作的社群。酣客公社是社群商业化运作的一个典型,全部用粉丝化业态,用社群实业化,纯粹靠粉丝实现商业化运作。酣客公社的组织架构是:总社—分社—大队。酣客总社就是酣客公司,分社经过总部认证,由各地粉丝自发组织在一起。分社集合酣客酒的订单之后转给总社,总社就把产品发给分社。分社可以在一个县设立,也可以在一个市设立。但总社与分社并非上下级关系,只是分社为粉丝服务,总社为分社服务。大队则是一个超级铁粉把他的朋友们拉到一起的微信群,一起玩酒,一起讨论商业趋势,是自由产生的。

点　评

运用整合思维,将相同爱好的人聚集在一起,形成一个大的团体。满足这个团体的需求,就是市场机会。粉丝就是客户,服务粉丝就是服务客户。

【案例7.84】

上海市的一位女中学生发现,女同学在夏天都喜欢穿裙子,但在上体育课时却因学校有禁止性规定而不能穿。这样一来,每逢要上体育课时，女生都涌进卫生间去换运动裤；有时忘了带运动裤，还会受到老师的批评。她决心为女生们解决这一难题。她当时正在上海市少年科技站创办的第一届少年发明创造学校学习。受老师讲课的启发，她想设计出一种能变化的服装，可以让一件衣服适合不同场合的需要：在某一场合，它是一条裙子；而在另一场合，它又是一条与上衣配套的裤子。

在母亲的支持和帮助下，她用一块棉布反复折叠、剪裁，终于缝制出了一套组合式裙服。它的下半身如同西式短裤，上半身放下后，就成了一条罩在短裤外的裙子。需要变换时，把裙子朝上翻起，拉上裙子左右两侧的两条拉链，再把两肩外的带子打成蝴蝶结，就变成了一件美观的上衣，正好与下半段显露的西式短裤配套。

点 评

整合思维，重组要素。从解决某一问题的需要出发，通过重组事物所包含的要素，使之发生符合需要的变化。

【案例 7.85】

前几年，北京郊区某农民建起了一个农具展览室。展室有锄头、犁耙、耧等，常用的农具可以说应有尽有。这些农具有的是自家的，也有从街坊邻居那里"凑"来的。展览室开办以来，城里来参观的学生络绎不绝。展览室的开办，不仅低成本地开启了一条致富门路，还给城里学生提供了一个了解农村生产、生活的窗口，为社会办了一件好事。

点 评

自己有什么？社会需要什么？二者的对接点就是商机。此例中某农民有的是祖祖辈辈赖以生存的劳动工具，而这正是现在城里学生所不熟悉的，城里学生有对农具熟悉的愿望和必要性，两者的联系促成了供求双赢的局面。

【案例 7.86】

田忌赛马是兼有以己之长、攻人之短和丢卒保车的混合计谋。

战国时期，齐国威王很喜欢赛马。齐国的大将军田忌常与其比赛，但往往是赛3场输3场，每次较量都会输给威王不少金子。一次，孙膑去看赛马，看的过程中他发现了门道。就双方的马而言，虽然都有上、中、下三等之分，但田忌的良马却没法与君主的良马相比。每次比赛都是田忌的良马对君主的良马，田忌的劣马对君主的劣马，其结果当然是田忌的马赢不了君主的马，每回皆输。于是，孙膑为田忌出计：第一场先用下等马与君主的上等马对赛，第二场用上等马与君主的中等马对赛，第三场再用中等马与君主的下等马对赛。田忌按孙膑所说的去做。再赛时，第一场虽然输了，但却赢了第二场和第三场。终于以二比一赢了威王。

点　评

跳出以一局一场论输赢的框架，站在全局看问题，综合运用自己的资源，找准自己的优势和对方的劣势，排兵布阵，整体谋局。德国著名军事家克劳塞维茨有言："你必须通过巧妙地运用你所拥有的一切，而在某一次决定性的地点，创造出一种相对优势来。"

【案例 7.87】

某家具厂专业生产皮面高档靠背椅，市场反响很好，急需扩大生产规模。可寸土难得，厂区四周已无空间。相邻的衡器厂生产磅秤，质量不错，但在激烈的竞争中还是节节败退，境况不佳。家具厂有心兼并衡器厂，但无力处理该厂一条先进的生产线。

为了求得最佳方案，两家企业都发动全体员工，积极想办法。时过数月，一无所得。一天，一个工人提出了一个奇怪的想法，引起了人们的兴趣。他将椅子与磅秤这两个毫无瓜葛的东西硬扭在了一起，生产能自动称量体重的椅子。理由是：高档皮椅的消费者多数是条件优越的人,这些人大都需要减肥,椅子会显示体重,必受欢迎。再说,家中偶尔需要称量重物时,也挺方便。这个创意,两厂的员工都觉得很新鲜。

点 评

整合思维,"捆绑联姻"。这位工人用的是"强制联想法",把不相干的两物,合并成"财"。

【案例 7.88】

某厂生产的一次性水杯,质量过硬,销量却表现平平。推销员想尽办法,甚至拿着产品直接上列车向旅客推销,但效果都不很理想。

一天,在金华开往上海的列车上,该厂一位推销员和一位同行的旅客在攀谈中,旅客仔细看了看推销员手里拿的一次性水杯,认为质量不错,美中不足的只是杯身图案没有新意,于是提出改进建议:在杯身印上铁路线和沿线各站的站名,以及各站列车到达和开出的时刻,有的放矢地到各条铁路线行驶的列车上去卖杯子。推销员及时向厂里反馈此建议,得到领导认可,付诸实施。产品果然由滞销转为抢手。

点 评

联想创新,巧妙整合不相干的资源,开拓了新市场。

【案例 7.89】

几十年前,一个美国人突发奇想,将橡皮与铅笔"嫁接"在一起,发明了带橡皮的铅笔,给人们带来了很大便利。这一小小的结合,就为他带来了55万美元的专利费,一下子变成为富人。美国另一青年则是把温度计与汤匙相"嫁接",创出了一个全新的"温度计"市场,事业从此蒸蒸日上。由此可见,组合可以产生各种发明。有人曾对 1900 年以来近 500 项重大创新成果进行过分析，发现技术创新的性质和方式在 20 世纪 50 年代发生了重大变化，原创性成果的比例开始明显降低，而组合创新所取得的成果开始变成技术创新的主要方式。

点 评

组合创新，为已有事物寻求最佳组合点，开发新的功能。

【案例 7.90】

办公桌上，人人都有一个茶杯。近 20 年来，茶杯的面貌一变再变，功能也一新再新。早年是瓷杯，功能是盛水，仅仅是个容器而已。但不知从哪一天起，瓷杯变成了保温杯，多了一项保温功能，冬天也不怕水变凉。作为饮水杯，这已经很不错。可谁知，磁化杯、矿泉杯又都不断涌现，为水杯平添了保健功能。

点 评

功能叠加。产品的升级换代，一般并不是对原有产品、原有功能的全盘否定与抛弃，而是在原有基础上增加新的、更多的功能。

【案例 7.91】

世界首条烤卤蛋生产线问世,"百年孔氏"日产80万枚烤卤蛋项目竣工投产。2013年端午节前夕,一种富有传统卤制风味的新型蛋品——烤卤蛋大批量走上百姓餐桌。烤蛋比卤蛋口感好,存放时间长,越来越受到消费者青睐,市场前景非常广阔。况且企业紧邻中国蛋鸡之乡馆陶,蛋源丰富,品质高。原先烤蛋都是手工作坊,产量低,卫生条件差。有这么丰富的蛋源和广阔的市场,怎样实现工业化、自动化生产呢?他们首先想到的是引进现成的生产线,然而,全世界却没有一条。于是,他们下决心自己研发在全国遍访食品烤制企业,烤面包的、烤火腿的、烤蛋糕的……先后找了八家企业,并让他们各自拿出烤制卤蛋方案,然后组织研发人员对各种方案进行优化组合,经过反复试验,终获成功,并且获得国家专利。

点 评

把各种烤制食品加工方案进行优化整合,最终成功研制出来烤卤蛋生产线,从而做到无中生有。

【案例7.92】

1993年初,克林顿当选美国总统后,日本的电视观众发现,美国总统克林顿的形象作为富士公司的电视广告代言人,出现在了电视荧屏上。这个30秒钟的电视广告在日本的两家商业电视台NTV和TBS每晚的黄金时间连续播出了两个月。

广告中的克林顿总统并没有直接宣传富士公司生产的胶卷或者其他产品,而是闭口无言地以不同时期的形象出现在广告的画面里:少年时代的克林顿同肯尼迪在一起;克林顿在群众集会上讲话,肯尼迪站在人群中;克林顿在办公室里审批文件等。只是一句广告词将这位美国新总统与富士公司生产的胶卷联系在了一起——走向成功的历史记录。

点　评

沉默是最有力的呐喊，创意尽在"不言中"。无言更能激发想象，引起感动。克林顿不同时期的形象，正是其"走向成功的历史记录"。借助名人影响力，为企业品牌造势，达到众人瞩目的目的。

【案例7.93】

江程是一家三星级宾馆的经理。一个偶然的机会，朋友介绍他认识了一位著名导演，导演准备在他的宾馆开一个新闻发布会。江程很高兴地揽下这个活，但在租金上却迟迟不能与对方达成协议。江程要价4万元，导演只答应出2万元，双方争执不下。附近一家四星级宾馆的总经理听到这个消息，马上找到那位导演，以1.5万元的租金把宾馆大厅租给了他。新闻发布会如期举行，除了许多记者、演员外，还有不少慕名而来的影迷，十几层的宾馆大楼全部客满。而且因为明星的光临，这家四星级宾馆名声大振。

点　评

如果说能否整合资源是创新的基本功，那么能否识别资源则是创新的前提。江程只认得有形的"钱"，而不会识别著名导演的"无形资产"，故不能有效整合可用资源。

【案例7.94】

20世纪50年代，为把在法国国内享有盛誉的白兰地酒推向美国市场，公司特地邀请了几位公关专家帮助出谋划策。专家们在搜集分析了美国市场的大量信息后，提出了一项新颖的创意。

该创意以"礼轻情义重，酒少情意浓"为主题，以给当时的美国总统艾森豪威尔67岁寿辰祝寿为内容，要求广泛利用法美两国的新闻媒体，重点宣传法美人民的友谊。具体安排是：在总统寿辰之日，将两桶窖龄与总统年龄相同的白兰地酒，盛放在由法国一位著名艺术家特意设计制作的两只酒桶内，作为贺礼由专机送往美国；尔后由四名英俊的法国青年，身穿法兰西传统宫廷侍卫服装，抬着两桶白兰地酒，正步走进白宫，将酒赠送于艾森豪威尔总统。

这项耗资可观的创意活动立即得到了法国政府的赞赏和支持，外交渠道也为此开了绿灯。

在离总统寿辰日还有1个月时，美国的公众就已从各传播媒介得知了这个消息。一时间，法国白兰地酒成为美国新闻报道和街谈巷议的热门话题。

美国总统寿辰日当天，在首都华盛顿主干道竖起的巨型彩色标牌上，"美法友谊令人心醉"的文字光彩夺目；街道边的报亭上，上百面美法两国的小国旗随风飘扬；"今日各报"的大型广告牌上，美国"鹰"和法国"鸡"干杯的画面引人驻足，传递着无限情意。

马路上各种车辆纷纷涌向白宫；而白宫周围，人山人海。人们笑容满面，挥动着法国小国旗，期待着贵宾的出场；而这位贵宾不是政府要人，也不是社会名流，正是那两桶窖藏了67年而又经过精心设计包装的法国白兰地酒。当这两桶仪态不凡的美酒登场亮相时，群情沸腾，欢声四起，有人甚至唱起法国国歌。此刻，美国公众似乎已经闻到了那清醇芬芳的酒香。

从此，法国白兰地酒昂首阔步迈进了美国市场，无论是国家宴会还是家庭餐桌上几乎都少不了它的倩影。

点评

大胆运用整合思维形式，让"酒"作为使者跨越国度与美国总统巧妙"联姻"，大肆渲染、营造氛围，整合一切可能的资源：两国媒体、外交途径，甚至举国关注和支持，达到了一般广告达不到的高度。

【案例 7.95】

　　某国曾生产了一种令广大青年男女为之倾倒的饮料。这种饮料瓶似心状，一瓶两管，男女各用其一。两支吸管相连相通，暗含心心相印之意，又藏两心相吸之情。一对情侣头顶着头，两嘴相吸，两心相许，充满情致和温馨。产品投放市场后供不应求，商家的创意得到了丰厚的回报。

　　意大利一位设计师设计了一种"情侣伞"——撑开时，伞顶是"8"字形。一个大圈，是情郎的位置；一个小圈，是情妹的位置。情人相依，各得其所，颇有意思！

　　台湾的爱情饮料也别出心裁——瓶盖上藏着一则爱情小故事。情侣们边品尝饮料，边谈情说爱，边读别人的爱情故事，颇有情调！不仅年轻情侣们乐意喝爱情饮料，就连中老年人也喜欢上了爱情饮料，边品边回味当年。更有趣的是，许多老年人还纷纷把自己当年的浪漫事写成小故事，送给厂家，从而大大丰富了爱情饮料的内容，使它"常饮常新"。

点　评

　　整合需要资源和信息。儿女情，伴侣情，在创新之人眼里，永远是取之不尽、用之不竭的宝贵资源，总能推出千奇百态的式样。

【案例 7.96】

　　创新打造印象派灯光秀。徐风云不是做技术出身，却自称是"最懂技术的人"。他表示："我真的不懂技术，但我能将这些懂技术的人全都整合起来，我就是最懂技术的人。"为此，他提出了"无团队整合"，就是将项目需要的各方面人才，通过项目的关系集合在一起，共同推动项目的完成。而在项目之外，团队是松散的，每个成员都有各自的事业。

　　这个团队的第一个项目，就是在孙武的故乡、山东省广饶县的灯光秀项目——山水城市文化灯光秀。徐风云发现，大型实景演出最大的问题是人员流动、人员缺失的问题。在任何大型实景演出中,演员如果因为特殊情况而不能来参加演出都会是一件非常麻烦的事情,而且大部分景点演出的人员流动性很大,很多时候是留不住人的。

在徐风云看来,人不可靠,设备才最可靠。于是他创新地提出了"印象"灯光秀项目,用设备打造文化灯光秀。"我主要是卖设备,我的演出是没有人、没有演员,只有灯光和音响的灯光秀。"山水城市文化灯光秀一推出便备受关注,不少人称他为"张艺谋印象系列最好的学生"。

点 评

不求所有,但求所用,所有人才皆为我用。围绕一个目的,对人才、设备资源进行整合,以达到预期效果。

类 比 思 维

类比思维即由此及彼的推理思考方式。从已经了解的信息推导出另外全新的信息,从已经了解的事物属性推理出另外一个事物的相同属性,从而产生创新的过程。这种相同的属性在两个事物中呈现不同的状态,已经了解的事物是显性,另外的事物是隐性。推理思考时由已知的显性属性和另外一个事物进行联系联想,从而激发这个事物中的隐性属性。类比思维强调两个事物之间的联系和比较,相似性、相关性、同理性是思考的关键。

【案例 7.97】

沃尔特·迪士尼是一位年轻画家。最初替教堂作画时,由于报酬低，无力租画室，只好借用一家废弃的车库。一天，疲倦的画家在昏黄的灯光下看到一对亮晶晶的小眼睛，原来是一只老鼠。他微笑着注视它，而它却像影子一样溜走了。后来小老鼠又一次次出现，他从来没有伤害过它，甚至连吓唬都没有。它在地板上做多种运动，表演杂技，而他就奖它一点面包屑。渐渐地，他们互相信任，彼此建立了友谊。

不久，年轻的画家被介绍到好莱坞去制作一部以动物为主题的卡通片。这是一次难得的机遇，但是他失败了。

他开始怀疑自己的创造天赋，苦苦思索自己的出路。突然，他想起车库里的那只小老鼠，灵光一闪，他迅速画出了一只老鼠的轮廓。

沃尔特·迪士尼从此以"米老鼠"这一举世闻名的卡通形象而扬名。

点 评

触类旁通，旁通即创新点。生活中有很多这样的创新案例，通过类比，比出创意来。

【案例 7.98】

亚瑟·华特逊是个七旬高龄的退休老人。一天，在看有关月球探险的电视节目时，注意到节目主持人不断将手中的月球平面图打开来展示给观众，显得很别扭。作为观众的亚瑟也觉得极不方便。

这时，亚瑟突然产生了制作月球仪的念头。他认为，圆体的地球可制作地球仪，月亮也是圆体，一定也可制成月球仪。月球仪能促进人们对月球的了解，并且，随着人们对月球探险的兴趣日益增加，月球仪的销路必然大增。目前市场上没有月球仪，自己的设想可以说是首创。设计成功后再申请专利，定能获得可观的利润。

自此，亚瑟全力以赴地制作月球仪，并在大致完成时通过报纸和电视播放广告，很快吸引了人们的注意。各地的订单如雪花般飞来，一年的营业额竟高达1 400多万英镑。

点　评

由此及彼，由地球仪联想类比出月球仪，这是一种最简单的创新方式。

【案例 7.99】

云南有个4A级景区——沙林。原始状态的沙林实际上是一条荒沟。在以粮为纲的年代，这条荒沟几乎没有什么价值，守着荒沟的村民一直为土地沙化而困扰。改革开放以来，随着人民生活水平的提高，特别是旅游业的发展，这条荒沟日渐显示出其潜在的价值。用现在的眼光审视这条沟：沟壑纵横，细沙流金；千百年雨水的冲刷，使很多沙丘细瘦挺拔，千奇百态。云南有闻名于世的石林，这里能否呈现一种沙林奇观呢？经过精心设计和修整，有着丰富文化内涵的沙林景区出现了。这里还举办了世界性的沙雕大赛，一个个巧夺天工的沙雕作品又为景区增添了新的景观。

点　评

通过同类比较的思维，找出新价值、新功能、新用途就是创新。有些东西是伴随着社会的发展逐步显示出其价值的。现在很多老树、老房子、老村落、老城，不是都成有价值的遗产了吗？我们应该不断地对身边的事物进行价值评估，从而发现新的商机。

【案例 7.100】

美国报纸曾以《一个针孔价值100万美元》为大标题，突出报道了一件小事。

美国制糖公司海运方糖到南美，途中方糖受潮，损失很大。请专家研究解决办法，耗资很大，却一无所获。这时，公司一个工人经过认真观察，发现轮船有通风设备，只是方糖被包裹得很严，密不透风。他试探性地在一些包装盒上打了几个针孔，让两头通气，后来，这些方糖不再潮湿了。工人将此建议告诉老板，因此获得100万美元的奖励。

一位日本人读了这一报道后，也对针孔起了兴趣。他在打火机的火蕊盖上打了小孔，使本来灌一次油只能用10天的打火机延长到50天。很快，他申请了专利，并投产了改进后的打火机。

后来，这位日本人又在女用纽扣上打个小洞，注入香水。因为液体易进不易出，从而香气只能微微散发，丝丝飘飞，长期芳香诱人。这种新纽扣一经投放市场即深受女性喜爱，订单很快就络绎不绝地到来。

点 评

触类旁通，由"针孔"而设计出来了改进的打火机和纽扣香水，这就是类比思维的作用。

【案例 7.101】

桂林以山水和溶洞秀美著称。开发早的几个溶洞都在市区，游人游览溶洞也一般锁定在市区。后来，在阳朔又开发了一个溶洞。怎么吸引更多的游客到阳朔溶洞游览呢？如果做一般性宣传肯定不会奏效，因为就溶洞而言，可谓大同小异，只有打造出这个溶洞鲜明的个性，才能吸引旅游者。

请看导游是怎样进行创新宣传的："我们桂林人一般把市区的溶洞称为中老年洞，这主要因为开发得早；而把新开发的阳朔溶洞称为青春少女洞，这不仅因为开发得晚，而且因为这个溶洞不同于市区的溶洞，蕴含着青春活力。当你们看了中老年溶洞，是否希望再看一看青春少女洞呢？"游桂林主要看溶洞和山水，谁想留下遗憾呢？因此这种宣传非常有效。另外，在越南有个水上桂林，道理也是如此。看了陆上桂林，大家对水上桂林也都有一种神秘感和好奇心。于是，通过冠名"水上桂林"，把看过陆上桂林的游客的好奇心调动了起来。

点 评

既强调联系，又突出个性。强调联系是为了借势；突出个性，是为了打造新的"卖点"。借势炒作，效果甚好。

【案例 7.102】

四川省某村青年姚岩松，劳动之余坐在地上休息。发现脚下有一只"屎壳郎"在向前爬行，而且正推动着一团比它自身重几十倍的泥土。这一现象引起了姚岩松的兴趣，他蹲在地上仔细观察了好久，似有所悟又好像迷惑不解。第二天一大早，他在山坡上又找到了一只"屎壳郎"。为了做进一步观察，他用白线捆了一小块泥土套在这只"屎壳郎"的身上，让它拉着走。奇怪的是，这一小块泥土比昨天的那块要轻得多，可这个"屎壳郎"却怎么也拉不动。姚岩松接着又找了好几只"屎壳郎"来做同样的试验，其结果都一样。这时姚岩松悟出一个道理：拉比推更费劲，能够推得动的东西不见得就能拉得动。

姚岩松曾开过几年的拖拉机。他早就发现在电影上看到的那些各种各样的耕作机械，根本不可能行驶在自己家乡那又狭又小、又高又陡的山地上，为此他常常感叹。然而这只推土的"屎壳郎"却让他思路大开：为什么不学一学"屎壳郎"推土，将拖拉机的铧犁放在耕作机身的前面呢？

想到就做。他先是把从山上采摘来的茅花秆一节一节地切断，又一节一节地制成"把手""机身""犁圈"等。忙碌几天后，终于制作出一台用茅花秆和小铁丝做成的耕作机模型。三个月过后，姚岩松将耗资数千元制作的耕作机开进了地里，但这一次他失败了，耕作机根本不听使唤。有一天，姚岩松再一次被一台推土机所吸引。他看见推土机机身下有履带，所以稳定性强，着地爬动力好。他想：耕作机同推土机一样，要想稳定性强，是不是也应该装上履带？

又是几个月过去了，姚岩松的第一台"履带式耕作机"终于问世了。以后又经过数百次的改进、试验，直到1992年2月，他才成功地制造出了第十台"屎壳郎式耕作机"，以推动力代替牵引力，突破了耕作机械传统的结构方式，具有创造性、新颖性和实用性，在国内属于首创。这种"屎壳郎式耕作机"，体积小，重量轻，一个人就可以背上山；既能在石梯上行进工作，还能爬45°的斜坡；只需两小时就能耕完一头牛要一天才能耕完的地，它的价格也仅仅相当于一头牛的价格。由于诸多的优点，"屎壳郎式耕作机"一经问世，要求联合生产的厂家就络绎不绝。

点　评

运用类比思维，进行相似联想创新。由"屎壳郎"推、拉土块时推动比拉动容易，联想到可以将拖拉机的铧犁放在耕作机机身的前面；由履带推土机"稳定性强、着地爬动力好"，联想到可以将耕作机设计为履带式。因此，姚岩松获得了成功。

【案例7.103】

上海动物园缺少资金，不少珍贵动物的食物都非常紧张，于是有人提出了一个极富想象力而又可能实施的构想——"珍贵动物领养"制度，将以往的捐献活动搞得更诱人更有艺术性也更含广告价值。

这一制度是这样的：给园中的各种动物取名，用它们的照片制作成精美的"荣誉领养证",然后去招标、拍卖,也可以协议出售给单位或个人。例如一只东北虎,谁能出资 1 000 元,就可以得到这只东北虎的领养证,证上标明该领养者的姓名。由于领养动物既是献爱心又是一种荣誉,自然会有一些爱护动物也有经济能力的人,希望得到这种机会和荣誉。企业也可以借此机会制造公关效应,如生产熊猫牌领带的厂家来领养大熊猫,生产天鹅牌电池的厂家领养天鹅。这种广告定会有非常好的效果,而且顺应当前国际关心野生动物的舆论潮流,反映了一种符合现代文明的形象。这一"珍贵动物领养证"制度,既能为动物园筹集资金,又可扩大企业的知名度,还树立了文明形象,一举多得。

点 评

人可以领养,动物怎么就不能领养?在逻辑上,只是领养的对象不同而已,这就是类比思维。

【案例 7.104】

美国有个名叫米特的设计师,他在一次住旅馆时,突发奇想,世界上有各种各样的陆上旅馆,就是没有神秘有趣的水下旅馆。自己能不能独树一帜建起一家水下旅馆呢?

下定决心后,米特左思右想如何设计,不断调整方案,最后千方百计找到一艘退役的大船,租来后对船底进行部分改造,安装了 50 个铺位,在四周装了许多特制玻璃。游客们进入这座特别旅馆后,大船就慢慢地开往浅海,人们一路上可以看到各种海底景色和稀奇的鱼类。光顾这个独特旅馆的游客很多,每个铺位一晚的租金也高达 5 000 美元。

点 评

每个人头脑里都会产生一些新奇想法,但绝大多数人只是一想了之。只有极少数人进而延伸思维,寻找与现实世界的契合点,付诸行动,取得成功。

【案例 7.105】

大家都看过泰森在拳王争霸赛上咬耳朵的报道。许多人看后都是一笑了之,最多只是把它作为茶余饭后的谈资。可美国的一位巧克力商人却利用咬耳朵的丑闻做起了自己的文章。他推出了一种形状和耳朵一样的巧克力,上面还缺了一个小角,以示被泰森咬缺的那只著名的霍利菲尔德的耳朵,巧克力的包装上还有霍利菲尔德的照片。此举使这个牌子的巧克力从诸多的品牌中脱颖而出,备受青睐。泰森咬耳朵丑闻全世界人都知道,但是发现并利用此发财良机的只有这个美国商人。

点 评

发掘"丑闻"的价值,巧借"丑闻"事件,引发创意,令人拍案。

【案例 7.106】

英王室查尔斯王子和戴安娜举行的婚礼盛典,是 1985 年英国乃至全世界的重大事件。当时伦敦一位珠宝商利用公众对此婚礼庆典的专注心理,精心策划了一则关于戴安娜王妃的假新闻,使其生意红火一时。

珠宝商找到了一位长相酷似戴安娜王妃的模特儿,让她依王妃的品位梳妆打扮,同时对她的言行举止予以训练,使之与王妃"神似"。

一天晚上,一辆豪华轿车缓缓停在这家珠宝店门口,"戴安娜王妃"优雅地从车上下来,向四周的旁观者点头致意。衣冠楚楚的老板笑容可掬地把"戴安娜王妃"迎进珠宝店,彬彬有礼地向她介绍各式各样的贵重首饰。"戴安娜王妃"露出满意的神色,一边称赞,一边挑选了几件首饰。这些场面被老板邀请来的电视台记者拍摄下来。

第二天,电视台在黄金时间播放了这段没有声音、没有解说的新闻录像,轰动了整个伦敦城。崇拜戴安娜王妃的年轻人纷纷来到这家珠宝店抢购"戴安娜王妃"称赞过的各种首饰。这使得这家珠宝店门庭若市,生意兴隆。

点 评
虚拟事件,以假乱真,逐渐地吸引众人"眼球"。

非逻辑思维

逻辑是指人们思维的规律、规则,多以抽象思维的形式出现。与逻辑思维相对,非逻辑思维则被视为形象思维,经常以直觉、灵感、想象力等思维形式出现,蕴含着惊人的创造性。可以说,大多数创新的思想火花都源于非逻辑性思维。直觉思维是对突然出现的新事物或新问题及其相互间关系的一种迅速识别和直接判断。牛顿从"苹果落地而不朝天飞"的现象靠直觉思维发现了"万有引力定律";阿基米德刚下浴缸时凭借瞬时的直觉悟出了奥妙,产生了著名的浮力定律。灵感思维是一种带有突发性、非自觉性的创造性思维活动,是在无意识的情况下使原先百思不得其解的问题豁然开朗。我国"原子弹之父"钱学森就很注意捕捉灵感思维,发挥灵感思维的神奇力量。他说:"灵感思维就是顿悟,是形象思维的特例。灵感的出现常常带给人们渴求已久的智慧之光。"运用直觉和灵感思维形式,可以使问题不经过分析、推理就迅速得到解决,所以它们在创造、发明活动中起着非常重要的作用。同样,被称为"思维的翅膀"的想象力,是激发创新能力的重要思维工具。因为创新要以想象力为先导,没有想象就没有创新心理和创造性思维。

一项完整的创造性思维往往既离不开逻辑思维,也离不开非逻辑思维;非逻辑思维的结果往往要经过逻辑思维的分析、归纳和验证,才能更趋成熟,更富有理性的光辉。创造性活动便是在这两种思维的相互运动中完成的。

【案例 7.107】

加拿大蒙特利尔市一家电台的一位女采编人员,在一次交谈中听别人讲了一点关于蚊子生活习性的知识:会叮人吸血的都是雌蚊而且大都是在与雄蚊交尾之后,雌蚊完成交尾后便会躲避雄蚊。这位女采编人员是个兴趣广泛、思维活跃敏捷的人,她了解到蚊子的这一习性后,竟由此联想到了自己工作的电台而触发了灵感:要是利用雌蚊的这一习性,制作出模仿雄蚊的声音由电台每晚播放,不就可以起到驱赶雌蚊的作用了吗?她根据自己的想象,邀请了有关专家来录制模拟雄蚊发出的声音。经过一段时间的努力,终于获得了成功。后来,每到夏天的晚上,这家电台就在固定的时间播放模拟雄蚊的声音。人们在受到蚊子的干扰时,只要打开收音机,人工雄蚊声音就能赶走雌蚊。

点 评

留心每一条信息,联系自己所掌控的资源,引发新的创意。

【案例 7.108】

美国有位叫米曼的女士，她穿的长筒丝袜老是往下掉，特别是在逛公园或去公司上班的路上，掉下来的袜子让朱曼感到非常尴尬。她想，这种麻烦，其他女同胞也一定会遇到。于是她灵机一动，开了一间袜子用品店，专门出售防止袜子滑落的用品。袜子店不大，而且每位顾客平均在1分半钟内就能完成交易。目前，米曼分布在美、英、法三国的袜子用品店就有120多家。

点　评

捕捉细节有可能找到创新点，细分出一个新市场就是创新。遇到袜子往下掉的女士何止千万，但能够触发灵感开一间袜子用品店的，却只有米曼女士。

【案例 7.109】

1912年，有一位欧洲的神父来到中国山东传教。他看到当地的老百姓生活非常困苦，便引发了恻隐之心，决心改变教友们的生活。

有一天，神父路过一户人家，看见妇人在门口梳头，地上掉了些头发。这一幕触发了他的灵感。

神父想起了他的家乡——欧洲。自从工业革命后，欧洲建设了许多工厂，厂内的女工们必须在上班时间佩戴发网。这么一来，不但可避免头发被卷入机器中，而且还可做成饰品。如果把妇女们掉落的头发收集起来，然后编织成发网销到欧洲去，岂不是可以改善一下教友们的生活？

于是，神父把这个想法分别告诉给了商人和妇女们，让商人拿针线和洋火来换取妇女的头发。然后用头发编成的发网卖到欧洲。

点 评

发网、头发，两个信息碰撞到一起，触发灵感。思维过程是这样的：散落头发→头发用途（其中一种用途可以做发网）→发网需求→制造发网。

【案例 7.110】

很久以前，在芬兰世界名酒评选大会上，各国专家对我国送选的茅台酒的简陋包装不屑一顾，未及品尝便将其淘汰出局。这时我国的酒商急中生智，故意将一瓶茅台酒碰落在地。顿时，奇香扑鼻，经久不散，整个会场为之震惊。于是，茅台酒重新参评，被评为世界第二大名酒，驰名中外。

点 评

特殊情形，机智应对，方显智慧。舍弃酒瓶简陋的包装，直指酒香醇厚的内容。

【案例 7.111】

一家建筑公司接受委托装修一所房子。到最后安装新电线时遇到了问题。按施工要求，电线必须穿过一个砌在砖石里弯了 4 个弯的 10 米长、直径只有 2.5 厘米的管道。施工人员谁也想不出怎样能把电线穿过去。最后，有一个工程师想到了一个好主意。

他到一个商店买来两只小白鼠，一雄一雌。他把一根线绑在雄鼠身上，把它放在管子的一端。另一名工作人员则把雌鼠放在管子的另一端，逗得它吱吱地叫。雄鼠听到雌鼠的叫声，便沿着管子跑去救它。雄鼠沿着管道跑，身后的那根线也被拖着跑。于是，小雄鼠拉着电线跑过整个管道。

点 评

要找到把事情做成、做好的办法，丰富的想象力功不可没。逻辑思维行不通时，非逻辑思维来帮忙。

【案例 7.112】

丘吉尔有一个习惯，无论什么时候，只要一停止工作，就要在热气腾腾的浴缸中洗个澡，然后裸着身子在浴室里来回踱步，以求休息。

第二次世界大战期间，丘吉尔来到华盛顿会见当时的美国总统罗斯福，要求美国共同抗击德国法西斯，并给予物资援助。丘吉尔受到了热情的接待，被安排住进白宫。

一天早晨，丘吉尔洗完澡，在白宫的浴室里光着身子踱步时，有人敲浴室的门。

"进来吧，进来吧！"丘吉尔大声喊道。

门一打开，出现在门口的是美国总统罗斯福。他看到丘吉尔一丝不挂，便转身想退出去。

"进来吧，总统先生，"丘吉尔伸出双臂大声说，"大不列颠首相是没有什么东西需要对美国总统隐瞒的。"说完两人哈哈大笑起来。

丘吉尔极具幽默的话，既化解了当时赤裸的尴尬局面，拉近了彼此的距离，又使后来的谈判能够顺利进行，最终谈判获得成功，英国得到了美国的援助。

点 评

打破这种尴尬局面的方式谁能说不是创新呢？本案通过制造"幽默"，以幽默解围，可谓独到。

【案例 7.113】

林肯当选总统时，整个参议院的议员都感到不可思议，因为林肯的父亲是个皮鞋匠。

当时美国的参议员大部分出身贵族，皆自认为是上流社会之人，却未料到将要面对的总统是一个卑微的鞋匠的儿子。于是，就有参议员计划羞辱他。一次林肯在参议院演说，当他刚站在台上准备开始讲话时，有一位态度傲慢的参议员站起来说："林肯先生，在你开始演讲之前，我有必要提醒你，别忘记自己是一个鞋匠的儿子。"接下来所有的参议员都大笑起来，为林肯受到的羞辱而开心不已。

林肯等到大家的笑声停止后，坦然地说："我非常感激你使我想起我的父亲。他已经过世了，我一定记住你的忠告，记住我永远是鞋匠的儿子。我知道作为总统我永远也无法像我父亲做鞋匠做得那么出色。"

台下陷入一片静默，林肯转头对那个傲慢的参议员说："据我所知，我父亲以前也为你的家人做过鞋子。如果你的鞋不合脚，我还可以帮你再修改。虽然我不是伟大的鞋匠，但是我从小就跟着父亲学会了做鞋子的技术。"

然后他又对所有的参议员说："我的话对参议院里的任何人都一样。如果你们谁穿的鞋不合脚，我也可以帮你们修；但我实在没有我父亲那么伟大，他的手艺是无人能比的。"说到这里，林肯流下了眼泪，而台下所有的嘲笑声也被掌声所替代。

点 评

真情的流露感人至深，出人意料。意外的回答就是创新。

以上几种思维形式虽然角度不一，功能不一，但它们相互联系，在现实的创新活动中，可以交叉或综合使用这些创新思维形式，以取得创新的成功。

第八章
创新思维过程

如果你从肯定开始,必将以问题告终,如果从问题开始,则将以肯定结束。

——培根

激活你的创新思维

创新思维活动一般要经过四个环节：挖掘创新之需—激发创新之欲—形成创新之念—付之创新之举。

无需则无欲，无欲则无念，无念则无举。

挖掘创新之需

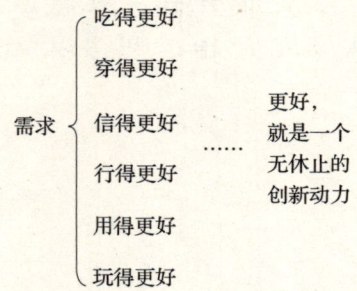

挖掘创新之需是导向。这里的"需"，即包括现实之需和潜在之需，包括精神之需和物质之需，包括短期之需和长期之需，还自我之需和大众之需。人们正是为不断满足各种需求和憧憬而努力创新。

要善于发现"现实之需"。需求源于生活，有创新能力的人往往能发现当前紧迫或预期的需求。100多年前，一个20多岁的犹太人李威·斯达斯随着淘金的人来到了美国加州，发现来这里淘金者络绎不绝，心想如果自己也参与进去，未必就能捞到多少"油水"。于是灵机一动，开了间专营淘金用品的杂货店，经营镢头、做帐篷用的帆布等，吸引了不少淘金者前来光顾。一天有位淘金者对他说："我们淘金每天都要不停地挖，裤子破损得很快。如果能用结实耐磨的布料做成裤子，一定会很受欢迎。"李威·斯达斯敏锐地抓住了淘金者的需求，凭着生意人的精明，开始了他制售牛仔裤的生涯，并一发而不可收，成为日后闻名遐迩的"牛仔裤之父"。

还要善于发现并引导可能存在的"潜在之需"，并使之明朗化。英国哲学家培根说："对一个聪明人来说，他创造的机会比他碰上的机会要多得多。"

激发创新之欲

"欲"是动力。"欲"来自对生存、发展、享受的需求和好奇心的满足。面对现实需求和潜在需求，不能无动于衷，要热情拥抱，把现实需求和潜在需求变成征服或满足的欲望。虽然创新思维每个人都有，但并非任何人都能挖掘它、运用它。在传统性思维和常规性思维主导下，大多数人的生活与工作是循规蹈矩、按部就班的，他们一生中较少冲破习俗、规则、定理的束缚，更不敢轻易越雷池一步。他们的创新思维被埋没、压抑到了一个看不到的角落，所以很难产生创新欲望。不仅如此，他们有时甚至还将那些创意丰富的人视为另类，觉得他们不可思议。爱因斯坦在1936年美国纪念高等教育300周年的大会上，曾经讲过，"没有个人独创性和个人志愿的统一规格的人所组成的社会，将是一个没有发展可能的不幸的社会"。因此，要激发整个社会的创新之欲，点燃每个人的创新激情。

形成创新之念

"念"是提炼创新思路的过程。这个阶段是创新的核心阶段。在创新之念形成之初，一般不做思维限制，任其天马行空、纵横驰骋，然后将其放置到具体的社会系统中来考察（因为创新不可能脱离具体的自然、社会、人文环境而存在）排除限制性因素使其科学规范。任何事物都有其内在的规律性，创新亦然。要掌握创新的规律和方法，特别要掌握创新思维的几种主要形式，做到灵活、交叉运用。

付之创新之举

这不仅是创新之念实施的过程,也是创新之念进一步提炼完善的过程。实践是检验创新成败的唯一标准。在实践中行不通的任何创新之念都是没有意义的。创新思维和创新活动要因时、因地而宜,顺势而为,才能有所成就。因此,要高度重视创新思路的可操作性。同时,任何事物都是发展的,要注意在实践中不断取得新的创新。

【案例 8.1】

19 世纪的一个圣诞节,15 岁的格林伍德非常高兴地收到一件圣诞礼物———一双冰鞋。渴望滑冰的愿望终于可以实现了。

拿到冰鞋后,格林伍德马上跑到离家很近的结了冰的河面上去溜冰。可能是初次溜冰的原因,他感觉天气太冷了,风吹得耳朵发疼。他不得不戴上皮帽子,把头和腮帮子捂得严严实实,但时间长了,头上又闷又热直流汗。

格林伍德想,应该做一件能专门捂住耳朵的东西。他琢磨出一个大概的样子,回家后又让妈妈摆弄了半天,终于缝制出一副棉耳套。

格林伍德戴上棉耳套去溜冰时,耳朵一点也不感觉寒冷。一些朋友看见,都向他要。格林伍德和妈妈商量后,又请祖母一起修改,做出来的耳套更适用、更美观了。格林伍德把它叫作"绿林好汉式耳套",并向美国专利局申请了专利。格林伍德后来成为一家耳套生产厂的总裁,他也因此成为千万富翁。

点 评

捕捉创新之需,激发创新之欲,形成创新之念,付之创新之举。本案完整地表现了创新思维的四个环节。

【案例 8.2】

北京的"亚都"牌超声加湿器,在北京的销售额占北京小家电市场零售总额的 38%,在同类产品中市场占有率高达 93%。然而"亚都"在天津却遭受冷遇,3 年的总销量仅为 400 台。厂家召集各方面的专家对此分析,得出结论:天津人因无"加湿器"概念,尚不识"亚都"为何物。

要打开市场,关键便是要增加公众对"加湿器"的认识,并确立"亚都"的品牌地位。为此厂家策划了一个颇具新意的公关活动——亚都加湿器向天津市民有偿请教。11 月 15 日和 16 日,《天津日报》《今晚报》等在天津发行量名列前茅的报纸都在最显著的广告位刊登了"亚都加湿器有偿请教"的广告。17 日正是星期天,亚都厂家公关人员出现在天津的各大商场。他们统一着装,身披绶带向顾客和行人散发"有偿请教"的各类宣传品,向人们请教关于"人工环境""湿度与健康"等方面的知识。

短短两个月,"亚都"在天津的销量达到了 4 000 台,相当于过去 3 年销量的十倍!

那么,"亚都"的宣传日为什么要选定在 11 月 15 日至 17 日这三天呢?这里又有什么奥秘呢? 15 日是天津统一供暖的日子;16 日是家人团聚的周末;而 17 日则是购物的高峰日——星期天。算定了这 3 个日子进行广告公关活动,自会达到事半功倍的效果。

点 评

突出消费者地位,构筑与消费者互动平台,以达到广告诉求的目的。此例较为完整地体现了创新思维活动的四个环节:发现天津市民无加湿器概念——挖掘到了创新之需;如何让天津市民认识加湿器,接受亚都品牌——激发了创新之欲;策划有偿请教的公关活动——形成了创新之念;在报纸上刊登有偿请教广告,在商场向顾客散发有偿请教的宣传品——付之创新之举。精心选定合适的日期,更为这一创意添加了成功的砝码。

第九章
创新主题修炼

给我一个支点,我将撬动整个地球。
——阿基米德

激活你的创新思维

在人类进步的历史长河中,有很多大师级的创新人物,例如达·芬奇、爱迪生。达·芬奇每一次作品的产生,都是他探索新领域知识的旅程:对人体的临摹开启了他对人体构造的探索;对建筑工程的参与激发了他对工程学的研究;而对一支演奏笛子的设计让他对音乐产生了同样强烈的兴趣。而爱迪生一生有两千多项发明,光专利就有一千多项。真正的创新都归于对人性的探索。在这些伟大的创新人物身上,都具有相同的品质。

创新是以思维活跃度为前提的。活跃度越高,创新能力越强。生活中说某人像个"木头疙瘩",就是指这个人"不开窍儿"。"不开窍儿"即思维不灵活,思维不灵活便谈不上创新能力。所以,激活创新思维是有条件的,是以思维主体的自身素质为前提的。它主要表现在五个方面:自信、博采、激情、敏感和丰富的想象力。这是创新思维对创新思维主体的内在要求。

自　信

心态就是一切，好的心态是自信的表现。

自信即自我肯定，自我激动。自信就是时时告诉自己：我能行！我最棒！只有自信之人才有足够的能量质疑权威，质疑所有要探索之物，也只有自信之人才会令思维的触角天马行空、无所畏惧。所以，很多时候不是别人认为自己不行，而是自己认为自己不行，自己给自己设置思维障碍，譬如给思考设定限制，寻找单一答案，害怕别人嘲笑等。

知识少、智力低、资历浅是吞噬自信的三只"虎"。古往今来，大量事实和实践活动已经证明创新能力和知识、智力、资历有重要关系；但它们既非等量关系，也非比例关系。按照美国哈佛大学H.加德纳教授的"多元智能理论"，智商测试并不能测出创造力的高低和有无。还有科学家研究认为，智商和创造力不是正相关，智商高并不意味着创造力强。爱因斯坦小时呆头呆脑，反应迟钝，三四岁还不会说话，语言智力和记忆力比一般人差得多，但他却有着极强的创造力。至于资历，固然重要，但和创新并没什么必然关系。汉武帝时期的"骠骑将军"霍去病，20岁就崭露出罕见的军事才能。他并没什么资历，可谁又能说他没有创新能力？所以，知识少、智力低、资历浅并不能成为我们创新的障碍，要充满自信地去创新、去创造。

自信表现为对观念的超越。自信就要勇于更新观念，敢于向传统观念叫板。凯恩斯说："观念可以改变历史的轨迹。"观念更新体现在很多方面。工作上，要增强自主意识，摒弃依附思想，不能抱着一种"被用"观，要有"自用"之胆识——"天生我材必有用"；生活上，在"能挣会花"和"能花会挣"的两种观念中更多的鼓励后者；追求上，要克服消极无为的观念，树立敢为人先的思想。改革开放以来广东的快速发展就非常得益于观念的变革与更新。当时广东的决策者认为，只要是有利于广东发展而中央的政策又没有明令禁止的，就可以放手大胆地去干；而绝大多数地方却持这样一种观点：只要中央没说让干的事，即使非常有利于本地区的发展，也一定不能去干。后者是"没说让干的不能干"，想当然地把中央政策看成了束缚发展的"紧箍咒"，前者是"没说不让干的都能干"，灵活地挣脱了思维定式所带来的潜在束缚，从而率先走向了富裕。

自信还应表现为一种胆识。创新是在开辟新的路径，本身就有一定的风险。要做第一个吃蟹人，就必须有牺牲精神和冒险精神。领导潮流者是拼出来的，有作为者是闯出来的，二者都需要胆识和气魄。

充满自信的人大都具有鲜明的个性。人无个性必平庸，没有个性难有创造性。从哲学上看，创新与个性是同义词。许多获得诺贝尔奖的科学巨匠们都有自己鲜明的个性，比如：有的永远都有一颗童心，永远对未知的东西充满着好奇；有的思维敢于跳跃，总是喜欢异想天开、标新立异；有的乐于清贫、甘于寂寞，数十年磨一剑，不鸣则已，一鸣惊人；有的则喜欢做带有风险的事，追求创新的乐趣。个性越强，越可能出类拔萃，取得成功。如果求全责备，整齐划一，只能助长平庸，埋没人才。个性就是与众不同，打造与众不同的个性本身就是一种创新。

缺乏自信有两种情况，一种情况生来缺乏自信，另一种是受挫折后丧失自信。第一种情况就要注重培养自信；第二种情况就是要坚持把每一次失败看成是成功的开始。乔布斯年轻的时候就开始创业，期间经历过很多坎坷，包括被自己一手创建的公司赶出大门，包括离开苹果后第一次创业并不成功，一直到将近50岁才重返苹果，获得了人生第二次辉煌。摔倒了，还能爬起来，这就是乔布斯的创业精神，这也是我们面对失败应该建立起的自信。

【案例 9.1】

某天，拿破仑·希尔接到一位年轻人的来信，说他刚从商学院毕业，希望能到拿破仑·希尔的办公室工作。他还在信中夹了一张崭新的 10 元钞票。信中写道："我刚刚从一家第一流的商学院毕业，希望进入您的办公室工作。因为我知道，一个刚刚毕业开始他商业生涯的年轻小伙子，如果能够幸运地在您的指挥下从事工作，实在是太有价值了。随信附上 10 元钞票，用来偿付您第一周指教所花的时间的费用。我希望您能收下这张钞票。第一个月，我愿意免费为您工作，以后由您根据我的表现，决定应付给我的薪水。我非常渴望得到这份工作，并愿意为此做任何合理的牺牲。"

依靠胆大聪明，这位年轻人终于获得了他希望得到的机会——进入拿破仑·希尔的办公室工作。而且就在他工作不满一个月时，一家人寿保险公司的总裁知道了这件事，立即高薪聘请这位年轻人去当他的私人秘书。如今，他已是世界上最大的一家人寿保险公司的重要人物了。

点 评

与众不同就是一种创新，正是这种极具自信，敢为人"鲜"的精神，使他在无数竞争者中脱颖而出。

博 采

博采即广泛地收集和储存信息。这里的信息是个广义的概念，包括知识、经验、各种社会关系和物质因素。收集和储存信息的过程也是资源探测、开发和积累的过程。看到的、认识的是资源，看不到的、不认识的很有可能是潜在资源。在资源识别上，尤其要重视非我资源、潜在资源。对不属于自己所拥有的资源，比如外资和高级人才，更要创新思路，打造极具吸引力的软、硬件环境，"借资谋利、借脑发展";对于一时不能为己所用的潜在资源,则要注意培植,为之创造适宜的条件、机会促其成长、发展,在双赢互利中取得更加出其不意的效果。

创新人才应具有"T形"知识结构。"—"指渊博的知识,包括政治、经济、军事、伦理、美学等方面;"l"指在某一专业、某一行业丰富的阅历、经验以及专业知识和技能。知识面越宽,阅历越丰富,信息量越大,思维成果赖以形成的资源就越丰厚,思维活动的平台就越宽广。

创新不仅需要丰富的信息,更需要对信息的分析、筛选和归类。知识、阅历、关系以及物质条件都可以信息的形式存在。"谁掌握了信息,谁就掌握了整个世界。"战争年代一条有价值的情报可能胜过一个团、一个师甚至一个军的战斗力;在市场经济条件下,信息的价值更是无法估量。一条准确、可靠的信息能使企业起死回生,相反,一条错误信息却能使企业由盛而衰、走向毁灭。所以,真正的创意既有赖于潜意识里有足够的信息,更有赖于对信息的深入分析和把握。云南曾经有80多家糖厂,在计划调拨时期日子很好过。1991年开始放开经营,自寻销售渠道。由于得到食糖市场将出现产大于销的错误信息,各糖厂急急忙忙以低于成本价的1 400元每吨倾销。谁知刚刚处理完库存,糖价就上扬到2 200元每吨,因此全省少收入五六亿元,80多家糖厂也由盈利变为亏损。这说明,搞市场经济,仅有信息是不够的,还必须关注信息的科学性、准确性和来源的可靠性。

在博采信息的同时,也要考虑到"信息过剩"可能带来的负面影响。纷繁复杂、千变万化的信息可能使你眼花缭乱,难以取舍,以致患得患失,优柔寡断,贻误了最佳时机。信息充足是好事,但不能因此为信息所累。收集信息是为创新、为解决问题服务的,博采并非最终目的,运用好信息才是最高追求。

【案例 9.2】

第二次世界大战时,英国作家雅各布发表了一本在全世界引起轰动的小册子。书里详细记述了德国军队的组织机构,参谋部人员的情况,各个军区的情况,以及 760 余名指挥官的姓名和简历,甚至把当时才成立不久的装甲师的步兵小队都详细地写了进去。希特勒看到这本书后大发雷霆,叫人把雅各布作为英国间谍抓了起来,问他是怎样刺探到这些军事机密的,是不是德国军队中的什么人向他提供了这些情报。没想到雅各布竟回答说:"我的全部材料都来自德国公开出版的报纸和刊物。"原来,雅各布在平时阅读德国的报刊时,经常把一些有关德军的情况记录下来。一段时间后,便积累了不少有关材料,略加整理编辑后,便成了一本小册子。也就是说,这本书不过是雅各布阅读报刊过程中"顺手牵羊"的产物罢了。

点 评

留心细节,把看似不相关的信息收集到一起,日积月累,种柳成荫。

激 情

这里的"激情"并非性格开朗和性格外向,它更多地表现为内心深处持续涌动的热流和执着。激情是个动力问题,就像蒸汽机一样,蒸汽越大,给传动杆的动力也就越大。在激情状态下思维最活跃,而兴趣和好奇心则是点燃激情的火种。

有兴趣才有激情。现代科学研究证明,几乎 90% 的人脑细胞都具有情商效能。只有心情愉快时,创造思维才最活跃。圣人孔子曰:"知之者不如好之者,好之者不如乐之者。""乐"不仅对学习,而且对创造来说也是最高境界。正是有了兴趣,数学家陈景润才会在走路时还痴迷于数学思考,撞到电线杆还进行道歉;比尔·盖茨在读大学时为设计一个程序连续工作 30 多个小时而不知疲倦……兴趣是一种伟大而神奇的力量。

好奇心是"点燃激情的火种",是"换取胜利的子弹"。如果不是好奇心的驱使,牛顿怎么能够从常人熟视无睹的苹果落地现象中发现地球的万有引力,从而奠定了物理科学的基础?如果不是好奇心的驱使,瓦特又如何能够从沸水的蒸汽不断顶开壶盖的现象中发现蒸汽的动力,发明了蒸汽机,从而引领英国率先进入工业化时代?俗话说得好:"好奇心是最好的老师""科学是满足科学家好奇心的产物"。人类正是在好奇心的驱使、引领下,才不断推出一个又一个创新,创造出今天的灿烂文明!

有激情才会有投入。一方面在日常的生活积淀中,投入提高创新素质和技能方面的资本;另一方面围绕一件事情或针对一个问题的专项投入。在投入上,既要注重自力更生,又要善借八方之力。不能只想到我有什么和我没有什么,而要能想到即使我什么都没有,别人有的照样能为我所用。

有激情有投入才会有产出。创新的过程是一个厚积薄发的过程,是一个执着的过程。正所谓"台上一分钟,台下十年功",只有长期、持续的投入才可能收获创新之果。

【案例 9.3】

有一个小男孩,在所有认识他的人眼中,他都是一个智力低下的落后生。到了 8 年级,他的拉丁文、代数、英文仍然全不及格,物理竟然考了零分。虽然有这么多失败的经历,小男孩还是有一样足以自豪的东西:他酷爱的绘画。尽管在中学期间,他投出的漫画作品全被退回,但小男孩依然坚信自己的艺术天赋。等他一告别学校,便斗胆来到迪士尼工作室,向他们递交了自己的绘画作品,但再次遭到了冷漠拒绝。

历经一次次挫败,小男孩并没有放弃。他选择用卡通的方式来记述自己的遭遇，记述一个在所有人眼中的失败者和一无所成者。

这个小男孩就是查尔斯·舒尔茨，他后来创作的"史努比"风行世界几十年，从而成为"史努比"永远的父亲。

点 评

有激情才会有投入，有投入才会有产出，在某一方面坚持和执着必会得到惊奇的效果。

【案例9.4】

哈里斯参加美国一家大公司的招聘测试，前几关非常顺利。到最后一关面试时，公司总裁把哈里斯独自一人留在办公室，要求他一字不漏、一刻不停地读完一篇文章。

哈里斯不敢怠慢，开始认真地读起来。过了一会儿，一位漂亮的金发女郎端着茶杯进来，冲着哈里斯微笑。"先生，休息一会吧，请用茶。"哈里斯像是没听见也没看见，还是不停地读。

又过了一会儿，一只可爱的小猫溜进来伏在他的脚边，用舌头舔他的脚踝。他只是本能地将脚移动了一下，仍在不停地读。

那位漂亮的金发女郎又飘然而至，要他帮助她抱起小猫。哈里斯还在大声地读，根本没有理会金发女郎的话。

终于读完了。哈里斯松了一口气。这时总裁走了进来，满意地点了点头："小伙子，你被录取了！在你之前，已经有50人参加考试，可没有一个人及格。"他接着说："在纽约，像你这样有专业技能的人很多，但像你这样专注工作的人太少了！你会很有前途的。"

点 评

做到与众不同就是创新。当专注于一个目标时，成功会离你越来越近。任何情况坚持之至，都会有一种与众不同的结果。

【案例 9.5】

阿基勃特曾是美国标准石油公司一位普通的推销员。他每次出差住旅馆的时候，总是在自己签名的下方写上"每桶四美元的标准石油"字样。在书信及收据上签了名，也一定写上那几个字。他因此被同事叫作"每桶四美元"。就这样，在不经意间，许多客户都知道了产品的价格，纷纷找他订货。公司董事长洛克菲勒知道这件事后深受感动，邀请阿基勃特共进晚餐。

后来，洛克菲勒卸任，阿基勃特成为第二任董事长。

点 评

阿基勃特之所以成功，并不是他比别的员工更优秀，而是因为只有他一个人时时处处利用任何看得见的方式宣传公司的产品，播撒希望的种子，做了别人都没做到的简单事，而且坚定不懈，乐此不疲。

【案例 9.6】

40多岁的米·乔伊几年前遭遇公司裁员，失去了工作，一家6口从此生活无着，经常是吃了上顿没下顿，有时一天连一顿饱饭也吃不上。

米·乔伊一边外出打工，一边四处求职，但所到之处都被人以年龄大、单位没空缺为由拒之门外。米·乔伊并不因此而灰心，他看中了离家不远的一家建筑公司，于是便向公司老板寄去第一封求职信。信中他并没有将自己吹嘘得如何能干、如何有才，也没有提出自己的要求，只简单地写了这样一句话："请给我一份工作。"

没有几天，他就收到了底特律建筑公司"公司没有空缺"的回信。但米·乔伊仍不死心，又给公司老板写了第二封求职信。这次他还是没有吹嘘自己，只是在第一封信的基础上多加了一个"请"

字。此后，米·乔伊一天给公司写两封求职信，每封信都不谈自己的具体情况，只是在信的开头比前一封信多写一个"请"字。

3年间，米·乔伊一共写了2 500封信，即在2 500个"请"字后是"给我一份工作"。见到第2 500封求职信时，公司老板麦·约翰再也沉不住气了，亲笔给他回信："请即刻来公司面试"。面试时，麦·约翰告诉米·乔伊，公司里最适合他的工作是处理邮件，因为他"最有写信的耐心"。

当地电视台的一位记者获知此事后，专门登门对米·乔伊进行采访，问他为什么每封信都只比上一封信多增加一个"请"字。米·乔伊平静地回答："这很正常，因为我没有打字机，只想让他们知道这些信没有一封是复制的。"当这位记者问约翰为什么最后录用米·乔伊时，约翰不无幽默地说："当你看到一封信上有2 500个'请'字时，你能不受感动吗？"

点 评

创新贵在出奇，当没有"奇"可用之时，耐心和坚持就是你可以掌控的试金石。

【案例9.7】

当年的史泰龙穷困潦倒，身上只有100美金。但他做梦都想当演员，于是就去纽约找电影公司。

史泰龙英语说得不好，长相也不出众，以致跑了500家电影公司，都遭到了拒绝。他心里只有一个想法：坚持下去，成功就在下一次。

他又开始应征当演员，又被拒绝500次，加起来共1 000次。他想的还是：坚持下去，成功就在下一次。

他再次向每一家电影公司介绍自己，结果还是被拒绝。在失败了1 500次以后，他总结自己失败的经验，改变了行动策略。

他写了一个剧本《洛基》，拿着剧本到电影公司推荐，等待他的仍旧是拒绝。他不断对自己说："我一定要成功，也许下一次就行，再下一次，再下一次……"

在他遭到1 800次拒绝后的一天，终于有一家电影公司愿花钱买他的剧本，但不让史泰龙在剧中出演任何角色。史泰龙已经饿了3个月肚子，但还是谢绝了这家电影公司的要求，让这位电影公司的老板非常惊讶。一直到遭遇1 855次拒绝后，史泰龙当上了演员，出演了根据他的《洛基》剧本改编的电影，从此一炮走红，成为全世界片酬最高的男演员之一。

点 评

很多人都有激情，所不同的是，有的人激情只能保持30分钟，有的人激情能保持30天，但一个成功的人，能让激情保持几十年。坚持到有一种结果就是创新。

【案例9.8】

法拉第能够由一个装订工成为了不起的科学家，那段在当时誉满欧洲的化学家戴维的实验室工作的经历，起着关键作用。他赶上了好机遇，但这个机遇完全是靠他自己创造的！法拉第在做装订书报的工人时，听过戴维的报告。之后他就把戴维所有的报告整理了一遍，一次次邮给戴维。戴维大为感动，请法拉第来面谈。见面后，法拉第表示很想在戴维的实验室找份工作，但戴维却拒绝了，说："你年纪也不小了，什么教育也没受过，还是回到装订车间去吧！"戴维的话无异给法拉第当头泼了瓢冷水。法拉第没有放弃，他继续向戴维请求："不能收我当实验员，就让我当勤杂工吧！"就这样，法拉第自己创造了机遇，一步一步，终于成为戴维实验室的助手，并因此有了一系列的创造发明，被后人尊为"电学之父"，最终的成就还超过了戴维。

点 评

当一个人执着到常人达不到的程度，实际上是一种心理创新或生理创新。红军长征就是一部创新史。每个红军战士都挑战了一次心理极限和生理极限，这种极限就是创新。

敏　感

对思维活动而言，敏感是一个放电的环节，是思维活动的导火索。思维源自疑问和惊奇，源自对万事万物的敏感。中国古人很早就能"见一叶而知天下秋"，认识到人间一切皆呈系统存在。所以要明察秋毫，做生活的有心人，善于质疑探究，突破思维定式，在人所不疑处存疑。看到一种现象、一种事物，首问产生的原因，次问可能的结果，再问变化的规律，最后问发展的走向和趋势。

敏感不仅是对眼前事物的感应，还要善于挖掘和识别未来之需。这就要求我们，在日常生活中，注意培养事事关己的意识。

【案例 9.9】

达·芬奇是一位对生活敏感的人。他的创造手稿记录了他的整个创作的过程，看过达·芬奇手稿的人，无不惊叹于他对大自然每个微小存在的关注和洞察。他可以蹲在地上仔细地观察一朵野花很久，从而把每一片花瓣，每一个叶齿甚至雄蕊和雌蕊的顺序画得清清楚楚；他将衣服在石灰水中浸泡，等晾干后对着固化后的衣服开始临摹，以便完成画作中人体不同姿势下那栩栩如生的衣服褶皱的创造；而为了完成一幅画作中对战马姿态的创作使他对马匹足足观察了 16 年。通过细节对事物本质的探索让他始终保持着最敏感的触觉并且不断涌现出创作火花。

点 评

敏感来自对生活和细节的观察，从而能够抓住事物最本质的东西。

【案例9.10】

　　1980年，太平洋西北部的一个火山再度复活爆发，四周的村落和城镇均遭到岩浆的侵袭。森林烧毁了，河流阻塞了，动物死光了，风景破坏了，空气污染了……

　　但是有人却抓住了这次灾难，将火山灰装入小塑料袋当作纪念品出售。仅火山爆发后的一个星期，就卖出了100万袋火山灰，每袋售价1美元。当地几乎每一个人都买了这个特殊的纪念品，送给外地的亲朋或是自己留作纪念。就这样，100万袋火山灰卖了100万美元。

点　评

　　善于捕捉"唯一性"，捕捉到"唯一性"，也就拥有了一项创新成果。此案不仅看到火山爆发带来的灾害，更能敏感地把握火山爆发的"唯一性"。既能慧眼识"金"，更能点"灰"成金。

【案例9.11】

　　美国南北战争即将结束时，市场上猪肉价格很高。亚默尔知道战争一旦结束，肉价马上就会跌下来。他每天读报，密切关注战事的发展，以便抓住时机做一笔大生意。

　　一天，报纸上一则很普通的消息吸引了他。这则新闻说，南军李将军营区有几个小孩，手里拿着许多钱问神父什么地方可以买到面包和巧克力，说他们好几天没吃到面包了。

　　神父问："你们的父亲呢？"孩子们说他们的父亲是李将军手下的军官，也是好几天没有面包吃了，带回来的马肉很难吃。亚默尔立即做出判断：这事发生在南军李将军的大本营，而且已到了宰马吃的地步，说明战事结束之日马上就到了。他一直利用电报同东部市场保持着密切联系，对那里的猪肉价格了如指掌。看着机会已到，立刻与当地的猪肉经销商签订了一个大胆的销售合同：以较低的价格提供给他们一批猪肉，约定晚几天交货。

不几天，战局和市场都发生了根本变化，亚默尔从中赚到了100万元的巨额利润。

点　评

善于从各种渠道捕捉信息，敏感地挖掘信息背后隐藏的机遇。

【案例 9.12】

加藤信三早上匆匆忙忙地洗脸、刷牙时，不小心把牙龈刷出血来。作为狮王牙刷公司的一个职员，数次刷牙牙龈出血，加藤的不满情绪越来越大。他怒气冲冲地朝公司走去，准备向技术部门发一通牢骚。

这时公司墙上贴着的一条管理科学的名言突然使他改变了自己的态度，"当你有不满情绪时，要认识到正有无尽的新天地等待你去开发。"

他不再发牢骚了。接下来，他做了多次试验，发现了一个常人易忽略的细节：在放大镜下，牙刷毛的顶端呈锐利的直角。"如果增加一道工序，把这些直角都挫成圆角，问题不就解决了？"公司采纳了他的建议，迅速投入资金，把全部牙刷毛的顶端改成了圆角。改进后的狮王牌牙刷受到了广大顾客的欢迎。

点　评

事事留心，处处敏感。在人所不疑处存疑，往往会有新发现。

【案例 9.13】

洛克到日本富士山度假，富士山的美景让他心旷神怡。洛克忽然心血来潮：为什么不把这里的空气带回去出卖呢？受此灵感的启发，他构想出了一系列宏伟的计划。他派人进行数据分析，申办执照，在富士山山腰办了一家"富士空气罐头厂"。这种空气罐头一投放市场，就吸引了一大批生活在大都市、只能与被污染的空气"为伍"的人们。

它不仅占领了日本市场，还出口美国、欧洲，市场销量良好。

> **点　评**
>
> 　　敏锐地感受大自然，在空气的用途上发散思维。富士山的空气优于它处，这是事实；人们需要吸入更好的空气，这是市场。基于这种可能的联系，"富士空气罐头"的创意便自然生成了。

想　象　力

想象力是"创新活动的翅膀"，是构织相互联系的各种信息的线。拿破仑曾经说过："想象力可以统治整个世界"。想象力，是人类活动的最大源泉，也是人类进步的主要动力。如果毁坏了这种天赋，人类就只能停滞在荒蛮状态而裹步不前。一个人一生事业的辉煌成就，主要归功于他善于积极地、建设性地利用想象力。创造学家罗杰·冯·奥奇在《激发创造力》一书中写道："使用想象力就要像艺术家那样，不断地对收集到的各种材料、各种信息进行加工，如改变形态结构、以不同的方式看待事物、用各种方法进行试验等，从而发现全新的东西，提出全新的设想。"

要开发想象力并促其向创新能力转化。要"敢于想"。事生于虑、成于做。人们"不可能"做的事，往往不是由于缺乏力量和金钱，而是由于缺乏想象和观念。人类思维中的无与伦比的想象力，是科学不断进入未知领域的原初动力，所以要敢于"异想天开"，不怕"胡思乱想"。要"能够想"。想象的火花迸发于丰富的知识矿藏，想象、创造尤其需要丰富的知识和经验。人们知识、经验的多少直接影响想象力的深度和广度。只有拓宽视野，博览群书，扩大知识领域，才能够产生科学的创造想象。否则，就会想"想"但却想不出，或者"想"得出的却是无用的空想。要"善于想"。要打破常规想，跳出传统的框架、书本的框架、名言的框架、经验的框架和从众的框架，任想象不受束缚地自由飞翔。

自由想象，要放得开、放得展、放得远。无论是发明创造，还是社会活动的创新，很多创新之人都被视为狂人。所以，不妨把最活跃的创新思维活动定义为一种"狂想"。只有"狂想"才能出奇思、生妙想。

【案例 9.14】

如果你是"文艺范儿"，那么台南后壁乡土沟村一定适合你的胃口。到过这个地方的人，都会立刻爱上它，并且马上改变对农村样貌的固有印象。走进村里，首先映入眼帘的是"文艺范儿"的乡村客厅，环绕四周，每一件废旧的生活用品都被再利用，变成一件件有趣的小摆设。老宅、仓库、墙壁、小吃店、围墙……四处都能看见艺术、环境与社区的完美结合。

随着工业化的发展，农村普遍面临人丁稀少、土地荒废的窘境。2012 年该村提出土沟农村美术馆的概念，通过生活空间的改造，创造一个优雅的生活情境。村是美术馆，美术馆是村，房舍为展场，稻田为画布,村民是艺术家,农产品是艺术品。这样的艺术氛围,吸引了不少艺术家来此办展,就连乡村音乐人也在此找到灵感。现在的土沟村,数个艺术创作工厂、建筑师事务所、音乐工作室、农村环境教育组织等在此"化茧成蝶"。

点　评

　　发挥想象力,充分利用废弃物,因地制宜,用精美的创作与农村对接,书写了农村文化发展的新篇章。